大脑心理学

你的大脑如何工作？

你需要了解关于自己的每件事

你欲向何方

希亚姆·梅塔, 1952 – 2039

大脑心理学

爱的心灵中心第 22 册

图书编号: 978-1-4092-9042-1

参考·目

我已·写了以下46本·，·中的·一个··都是直接来自于上帝，什克理斯那。但是那些·往往·有·代西方令人不快的·念。 他···的有·候似乎很幽默。有·候荒。·一个句子都是被··仔·斟酌，····，收集成有助于你生活的真·的小片段。·个例子，我的《完善你的情·能量半球》那本·，只要看3分·的封面画，就能治愈你的情·疾病（在你心·，粗·，·怒等之后）。 我不相信我的主·我在·你撰写犯·任何··。

西方·在是什··？ 整个世界·在是西方的。 因此，当我·偏·的西方·念憀，我在冒着疏·整个世界的··。·些是我的或是上帝的内在特点。·然他似乎是在做好·个·目。

《笑··》， ISBN：978-1-4092-9071-1
很好的非性非·族笑·。
《培··情和幸福的人生指南》， ISBN：1-4121-5210-0
我向男人和女人展示了生活可以·得比想象得更幸福、更安宁。
《占星·和梦的分析》， ISBN：978-1-4092-9024-7
你的星象号·。 来自于你梦中的信息。 真主的系·。
《我的自·》， ISBN：978-1-4092-8654-7
一个真·的我。
《基督教》， ISBN：978-1-4092-9112-1
·什·世界上所有的罪·都从·里·始。·什··在它成·了·史。
《··学》， ISBN：978-1-4092-9137-4
·个旧科学的一·原始的·用看法。
《最后的想法》， ISBN 978-1-4092-8953-1
·里··了所有智慧的··，那就是你要形成一个健康，快·，充·快·的生活。
《未来世界》， ISBN：978-1-4092-9058-2
如何合理看待在未来20年中影响你的主要因素?
《基督教》， ISBN：978-1-4092-8918-0
·未来的·言。 你需要作出抉·。
《健康》， ISBN：978-1-4092-9052-0
做什·事，·做什·，不要做什·。
《如何去培·一个孩子》， ISBN 978-1-4092-9718-5
需要什·，如何·它，·怎·做。
《如何教你的孩子英·》， ISBN：978-1-4092-9135-0
一个最好的方法。

《如何教你的孩子一般的知▪》，ISBN：978-1-4092-9104-6
大多数知▪都是它▪没必要去学的。▪里是他▪的确需要去学的。
《如何教你的孩子学▪数学》，ISBN：978-1-4092-9103-9
数学家▪▪了方便年▪人学▪数学，使数学▪的▪▪而且完整。
《人▪全面自我分析》，ISBN：1-4121-5380-8
确切了解你的性器官、身体、情▪中枢和▪▪的功能如何？
《印度人的婚姻》，ISBN：1-4121-5321-2
如何▪▪持久而幸福的婚姻？
《印度的哲学和宗教》，ISBN：1-4121-5211-9
印度哲学帮助你达到自己的生活目▪。
《从▪物那里学到的▪▪教▪》，ISBN：978-1-4092-8897-8
你的免疫系▪受到▪重破坏。▪什▪▪野生▪物不是▪▪呢？
《▪歌 ▪》，ISBN：978-1-4092-9311-8
押韵的散文是▪歌。▪里有更多▪美的▪歌。
《音▪▪你靠近上帝》，ISBN：978-1-4092-9277-7
听你喜▪的音▪，并非都会▪你▪来平静，▪怎▪做。
《自然医学》，ISBN 1-4121-4384-0
什▪▪你有帮助，什▪▪你没有帮助。
《牛津大学》，ISBN：978-1-4092-9098-8
在世界上，只有瑞士的大学是比▪糟糕的。▪什▪知道▪一点很重要。
《不穿衣服的人》，ISBN：1-4121-5365-4
▪什▪印度的班加▪▪是一个▪有五万年▪史的地方。
他▪生了多少▪儿？
今天哪里▪有不穿衣服的人？
《完善你的情▪能量半球》，ISBN：1-4121-5164-3
你需要抓住根本原因，即▪你造成不利影响的▪一情▪疾病。
《完善你的▪情能量半球》，ISBN：1-4121-5169-4
你需要▪找▪情。在▪个年代，它并不会从天而降。它花▪▪▪和精力。
《完善你的智力能量半球》，ISBN：1-4121-5165-1
完善的▪▪吸收你需要的信息，冷静地▪行分析，然后作出决定。
《完善你的身体能量半球》，ISBN：1-4121-5167-8
你的身体匀称、▪壮、健康▪？你▪目前的身体状况▪意▪？
《完善你的性能量半球》，ISBN：1-4121-5163-5
你与你的婚姻伴▪需要一▪▪极的性生活。达到▪个目▪需要哪些▪▪▪？
《▪歌》，ISBN：978-1-4092-8831-2
押韵的散文是▪歌。▪里有一些▪美的▪歌。
《物理学》，ISBN：978-1-4092-9114-5

4

·代物理学的··。真正的物理定律。 真正的物理定律。

《科学》， ISBN：1-4121-5235-6

帮助世界的新科学。

《薄伽梵歌和·注》， ISBN：978-1-4092-8758-2

·忘掉其他的翻·和·注， 你的··在·里。

《精神和宗教之旅》， ISBN：1-4121-5206-2

你的所有能量半球都需要得到·足， 首先从性能量·始。

《儿童故事》， ISBN：978-1-4092-8990-6

可以使他·忘掉··， ··和其他·代恐怖的·听的故事。

《主帕坦伽利的108个·》， ISBN：1-4121-5160-0

我使用··的数理···来·明《瑜伽·》是学者的陷阱。

《印度的八大圣文》， ISBN：1-4121-5162-7

我·明了·些圣文都··精心·写，用来感·并影响印度的波斯·治者。

《世界·史》， ISBN：1-4121-5166-X

宇宙的整个·史从一·始就只有一个原因。

《意·心理学》， ISBN：978-1-4092-9042-1

西方心理学家先生，是否我想法中最根本的成分与·因斯坦或斯大林一·呢？ 他不知道。 在·本·里，我·明了如何理解自己。

《西方哲学》， ISBN：1-4121-5207-0

我··了它是什·。

《男人··了解基督教女性什·》， ISBN：1-4121-5450-2

两··型的女性， 她·都需要·。 ·本·告·你如何去·其中一···型的女性。

《面·猪流感和其他事件·怎··》， ISBN：978-1-4092-9077-3

我有解·。

《透析女性》， ISBN：978-1-4092-8960-9

她·的目·、 功能、 ··。

《·海陶情》， ISBN：978-1-4092-9264-7

·个人都有·力 情····致人·脾气

《瑜伽》， ISBN：1-4121-5161-9

·行瑜伽··、 呼吸技巧和静坐有·多不利影响。

《瑜伽：艾·格瑜伽， 第二部分》， ISBN：978-1-4092-9089-6

姿·的目的和····。

《你的自身和··》， ISBN：1-4121-5208-9

今天， ··本和自己本身都出了··。 我介·了你能做什·来帮助自己。

您可以从大多数・・・售商那里・・・些・。 您可以・・英文版，也能・・阿拉伯・、孟加拉・、・・，法・、德・、意大利・、葡萄牙・、俄・和西班牙・版本。

您可以在我的网站上欣・我的大部分・画作品：
www.lovingheartcentre.net/MyPaintings.htm

前言

她们在人类的比例超过50%。所以，稍微了解她们一点会比较好。和你认为的正相反，她们和男人有很大不同。

女人被创造出来的目的一部分是为了生育，另一部分是为了被男人享受。

男人则是为了完全不同的目的而被创造出来的。一部分是为了生育，另一部分则是享受女人。

更广泛地来说，男人是主为了他自己的享乐而创造的。由于男人女人这两个物种被创造出来的目的是如此的不同，因此女人有着不同的职能，不同的设计。

然而这有没有用呢？如果答案（你通过读这本书或者其他方式得出的结论）是肯定的话，你就离敬爱的主更近了一步。

诗安•梅塔
爱心中心
www.lovingheartcentre.net
2009年6月30日

□□

这不是一本可以提高你考试能力的书。我把那个任务留给了弗吉尼亚工学院和弗吉尼亚国立大学：
- ➤ 提高学业成绩的时间管理策略
- ➤ 提高考试成绩的七个策略

如果你是个美国人想要考试及格，世界上最好的地方就是乌克兰了。诀窍：他们不管你是不是说俄语的，也不管你是否善于踢足球。

导致发生当今世界上的难题的不同因素是什么呢？是下面这些因素：
- ➤ 儿童没有受到教育，人们任其自由发展
- ➤ 每个人都承受着压力，整日忙碌
- ➤ 你整日里反复在考虑相同的问题
- ➤ 没有得到很好的教育，养成了坏的习惯（聚众，撒谎，酗酒。。。）
- ➤ 在压力之下，你变得神经紧张
- ➤ 你的思维过程受到干扰，思维不清
- ➤ 你没有了明确的生活目标（百分之 90 的人）
- ➤ 大脑处于噪音的不断轰炸之下（音乐，电话。。。）
- ➤ 不能得到很好的睡眠（百分之 90 的人群）
- ➤ 你有了更多的哀伤
- ➤ 大脑由于睡眠不足产生了精神疾病
- ➤ 精神疾病最终导致肉体的残疾
- ➤ 你已经挣了一些钱，但是到你死的时候却没有取得任何可以使你的自我真正为之感到幸福的成就

导致所有这一切的最唯一最重要的因素是什么？
- ➤ 缺少对你同伴帮助的愿望。

这个世界上我们大多数人都看不到的问题是设么？
- ➤ 精神疾病
- ➤ 自私，自大

今天，我们是幸运的。我们有大量的石油，水，食物等等。在这种状况下，精神疾病没有表现出来。人们的注意力集中在赚钱上，人人都少管闲事。

但是，在今后的岁月中，当石油用光了的时候，当随着两级冰帽的融化气候发生变化的时候，在世界人口中广泛传播的精神疾病的影响就会很容易显现出来。

手中有枪的，饥饿的和疯狂的人的思维是无法制止的。

这个时代这些事情正在发生，在我看来，比你所想像的要快。

开始探讨这些问题的时候，你首先需要了解你的自我。

希亚姆·梅塔
爱的心灵 中心
www.lovingheartcentre.net
2007 年 11 月 14 日

□□

你可能认为只是环境，学校教育，婚姻状况和整个世界出了问题。其实你也出了问题。头脑本身，自我本身正在出问题。

要求你的银行（两家不同的英国著名银行）做些复杂的事。就像我曾做过的那样。要求他们通过银行转帐把一些钱转到另一家银行。这是我两次最近转账的经历。

- ➢ 他们把你的填单归错了档
- ➢ 他们找到了你的填单
- ➢ 你又递交了你的填单
- ➢ 他们把钱转出两次，转错了银行
- ➢ 你给他们打电话他们说你给他们的信息错了
- ➢ 你说能否把你们先前送的操作指南给我一份
- ➢ 经过了一番努力，打了几次电话，你最后总算得到了他们的名字电子邮件
- ➢ 你发给他们传真号码好让他们传给你他们错误的操作指南
- ➢ 他们往你的移动电话号码发送传真
- ➢ 要求道歉是没有用的，你可能要再次用到同一个职员为你做同样的事情。你不能贸然使他们生厌
- ➢ 当他们说他们会去做某件事情的时候那意思就是说你可以一周以后再来问。万一你惹恼了他们，你就不能再直接请他们做事情了。
- ➢ 你请他们吧传真再传给你，一周或两周之后你只能祈祷了。

现在和任何人打交道都会使你付出很大的精力。例如，一件简单的事就会用去你两周的时间，而做这件事情所需要的全部只要一分钟就可完成。

当然，你要记住只是把钱从一家银行里取出来只是事情的一半。接收银行会把它存到你的帐户上吗？为了不使读者厌倦，我改天再来解释为什么这会用去两周的时间，和那么多的费用。

百分之 97 的电子邮件没有得到回复。你打电话给一些人他们不在。

你留下口信他们没有回电话。你不得不把电子邮箱号码发出三十遍以便收到一个回复的电子邮件。

我要说的是当代世界在慢慢地停下来。即使在二十年前，一个单位收到了信函要特别给予回复。现在百分之 97 的信件都的不到回复。

再过一个十年或二十年，百分之 99.99 的电子邮件和信件将不会得到回复。

简单的银行转帐不是用两周，而是用两年。大多数人在提出他们的钱并将它存入他想要存的地方的过程中，都会变得忍无可忍。这是因为，对大多数人来说，钱是很重要的。但是更主要的是没有人愿意因为这样的琐碎的事两年后再和同一个人打交道。

在这本书里，我谈到什么是自我，什么是思想，它们的各种功能是什么，这个世界上除了什么问题。

我把这本书献给我爱的人。

第1章 你在恋爱吗？如何知道真理

你可以形成你自己的观点。这样做的最好办法是，在你寻求外部的帮助之前，根据你所要研究的题目在互联网上收索。一个精神病学家会这样说，另一个会那样说。他的经验，和他读过的书都是基于人类给予的答案。这里出现的问题是真理是供不应求的。在百分之 75 的案例中现成的答案都是不对的。根据印度传统的智慧，我们生活在卡莉时代百分之 75 的真理和美好的东西都在世界上消失了。即使是有人不是有意地说谎，他或她都不知道这样复杂问题的真正答案，诸如你在恋爱吗，以及其他精神病学家可能要问你的问题。因此平均百分之 50 的回答都是假的。

但是，一件事情对于你越是密切和重要，你就越加猜疑地去保护它。

基于这个理由，真实的答案是大约百分之 75 的回答都是不真实的。你需要了解一些统计数字核实这一点，你可以向任何一个统计员索要证据。

所以，在这个领域里不能依赖任何统计学的测试。任何依赖询问人们私人问题的科学都是伪科学。

人们一直愚昧的认为，因为有精神病心理学和精神病医生等等名词的存在，它们后面就一定有科学。

□2□□□□□

缺乏与上帝的沟通就会走向无明。无明的意思是缺少对上帝的了解。

影响自我的基本的苦恼是无明。让自我知道什么是对什么是错是父母的责任。这样根据瑜伽的理论而后的五分之四的苦恼就不会出现。但是，假定不是这样，第二类的苦恼就会出现。接下来出现第三类苦恼，以此来推。

在早期的岁月里，自我缺乏宗教知识：正确和错误的区别。这是父母最基本的责任，主要是用实例来教。他知道了他的存在所以发展了自我意识：第二类苦恼。实际上，这个意识是一个独立的，独处的意识。

由于独处，就会悲伤。自我有了去认识和体验 的愿望。由于不知道做别的事情，他就开始去满足这两个目的。他希望由此获得快乐。

当父母没有给予他知识是，他就只能整天沉湎于思维的活动之中。

他的想要获知的愿望促使他无声的在大脑里问问题。上帝也无声的回答这些问题：思索。

上帝首先回答什么是善，然后回答与自我喜欢和不喜欢有关的事情。大脑听到了这两个回答中的一个。他的自我意识，自尊的一种形式，阻碍了他听到第一个回答。

它的体验的愿望通过五种能量来表达：性的，身体的，情感的，爱和精神的。

他体验到一些快乐。他从中获得了知识然后确信这些知识是正确的，即便是不正确的。

这促使他又去寻找更多的快乐。尘世上的快乐产生了欲望及其附属物，五种精神苦恼中的第三种。由于欲望及其附属物在神那里是找不到的，事情就糟糕了。

例如，人的身体可能疼痛。这意味着你的身体不健康并且处在康复过程中。它暗示你需要小心了。这种暗示一疼痛的感觉传给大脑。自我变得不快乐。
一连串的解救这种痛苦感的行动发生了。你的自我问一个问题，我应该怎么办》
由于缺乏和上帝的联系，自我对加重其忧伤的境遇产生厌恶。根据瑜伽的学说厌恶是影响人的第四类苦恼。

欲望及其附属物和厌恶感鱼贯而入进入他的内存，外表上是以反复沉思而终身存入存入大脑。

第五类苦恼是和生命和对于死亡的恐惧有关。与生命相关产生于第三类苦恼，欲望及其附属物。对死亡的恐惧产生于第四类苦恼，厌恶感。自我喜欢快乐不喜欢痛苦。它知道如果它不快乐它就会难过。它想要快乐继续。自我懂得死亡是痛苦的。它不喜欢痛苦。所以我们所有的人有强烈的生存欲而非常厌恶死亡。

一切的苦恼在上帝的面前都将消失。

□3□□□

人类由下面这些组成

- ➤ 自我，那就是你（你是那么重要）
- ➤ 大脑，一具精明的装置能吸收数据，进行分析提出你应该做什么的建议。
- ➤ 五种感官（耳，皮肤，眼，舌和鼻子）
- ➤ 五种排出器官（舌用来说话，鼻子用来呼吸，眼睛用来哭泣和两个排泄器官）
- ➤ 四肢（胳膊，腿，躯干和头颅）

上帝

在这个世界上，上帝掌管着一切。当你想要做什么或者让你直接管理的事发生，他多半都会说行。如果你的大脑能够思考并且你想让它思考，上帝通常会说行，大脑，请思考。如果他不想让你的大脑思考，那它不会思考。你的其他器官也一样。

就你的潜意识活动而言，（呼吸，消化，生长，走路等等）全都是根据你的需要而完成的。

这是因为你没有牵连进去。别的你随便说"我要挥挥手".
上帝接过来，一旦他说了行，就进行顺利发生这件事所需的复杂的轨迹，力等等的大量运算。过程顺利完成，只是结果是个问题。想吃饭这样的一些事情 你只是自己有意识地去做，上帝说'ok 你自己去做好了， '于是就出问题了。
你做什么？
- ➤ 听
- ➤ 体验
- ➤ 决定
你听谁的？
- ➤ 上帝（也许）
- ➤ 别人（也许）
- ➤ 你的配偶（也许）
- ➤ 你周围的众人（也许）
- ➤ 你头脑中产生的想法（也许）
□□□□□□
Input from the five sense organs - the ears, skin, eyes, tongue and nose:

口口口口口口：口口口口口口口口口口口口口口口
- ➢
- ➢ 在听的过程中你也体验到了声音。你的耳朵不仅仅是你脑袋两边的下垂物，它们提供感知直接输入你的自我。
- ➢ 你的眼睛给你的自我提供你周围的世界所发生的事情的景象，帮助你判断正确和错误或确定什么是你一生中想要实现的。
- ➢ 你的舌头能使你品尝东西帮助你辨别什么食物对你有益什么无益。味美的食物于你的身体，你的大脑，你的器官必不可少的。
- ➢ 通过鼻子的呼吸为你的自我提供了它所需要的用来运行 的能量（般尼克能量，生命力，氧）

口口口
你，自我，收到上面提到的各种输入信息-人们和你的大脑传给你的，你的各种器官不断的感受。然后做出决定。

特性
自我也有特性：
- ➢ 记忆
- ➢ 偏爱
- ➢ 愿望
- ➢ 脾性

随着时间的过去这些特质对他所听从的人，对各种类型的经验和他所拥有东西起着重要的作用。
它倾听着学习着，它实践着学习着。随着时间的推移它得到各类的财富 。

口口
自我具有和和发展，或者能够具有和发展下面 几项性能：
- ➢ 意识
- ➢ 善良
- ➢ 知识
- ➢ 爱心

口口口口口口
意识是你体内存在的实体，它可以听，体验和做决定。然后才按你的支配者的话去做。

口口
下面是审视你人生关键选择的最好办法

你的主宰:	上帝	自己	配偶	其他人	大脑
上帝会	高兴	不高兴	不高兴	不高兴	不高兴
自己会	不高兴	不高兴	不高兴	不高兴	不高兴
配偶会	不高兴	不高兴	高兴	不高兴	不高兴
朋友会	不高兴	不高兴	不高兴	不高兴	不高兴

虽然我说如果你让你的配偶做支配者他或者她会高兴。这当然仅仅是和你有关系。实际上任何一个想要当支配者的配偶都会很不高兴，因为是要有他或者她的大脑来承担。他或她成了计算机。你看到有那一台计算机是高兴的？

可能有人自称高兴，你可能会受到一封他或者她（是男是女有设什么要紧吗？）电子邮件说 '我高兴'。在当今大多数情况下会有微笑在上面，来证明微笑不是人造的。

所以说，如果你要让一个人真的高兴，只有一个选择。在你的配偶和上帝之间选。

□□□□□□□

你的所有的体验都是上帝给你的帮助你决定你是否想接近他。在这方面他给你自由选择。然后他才做决定。

繁忙

当今大多数人都是在整日奔忙。如果你每天生活都取得进展，是很好的事情。但是人们开始墨守陈规，你需要每周一次坐下来把你应该做的事情在大脑里过一遍，以便你不会忘记去做重要的事情。

然后，忘掉这些，暂时把它们丢在脑后。而去想一想你可能做和想要做的事情。最好是完全不同的事。如果你整天在办公室里工作可以绘画。或者参加舞蹈班。最好是有 创造性的事情。你以前没做过的事情或者至少是已经很长时间没有做过的事情。把它加到你要做的事情的清单里然后去实行。

在生活中，你需要综合的有有创意的事，例行的公事，思维方面的事（分析，思考），身体方面的事（散步，锻炼），性生活，调整情感，志趣相投的好伙伴（男性或女性），家庭生活，你还需要做些宗教修炼的事。

这样你就会有效的忙碌。丰富你的生活。

提高你的生活

你只要有一天坐下来对自己说"我要用某种方式去帮助社会或人们。我不能确定如何去帮助，但我希望会实现。

如果你确实是这样想的，那就对了。那是上帝的希望。

19

□□□□□□□

原初物质（物质）是：

> 上帝显示出的具有智慧的能力，它包含了比如自尊和理智。
> 物质通过活跃性和上帝的指导为自我而存在并为自我服务
> 物质每一种形态（思想、星辰、音乐。。。）是用来帮助自我增加智慧的，

整个世界包括你的身体和精神都是由三个基本原理而形成的：

> 坚定性：振动，光明；产生纯洁，带来幸福。
> 活跃性：运动，由欲望产生，疲于工作。
> 钝性;不活动，黑暗；出于无知导致晦涩不明，游手好闲

例如：

> 原子有振动，运动和不变的能量（坚定性，活跃性和钝性）以不同的比例组成。
> 思想可以是平静的，充满活力的或是愚钝的。
> 行为命运可以是好，不好不坏或很糟。

下面是 16 种可以认识的物质形式：

> 5 种基本的元素。
> 11 种器官：5 种感知器官和 5 种行为器官。第 11 种器官是大脑。

悦性，变性和惰性是变化的，在所有的物质中任何时候有一个在其主导作用，对已人来说变化取决于他的食物摄取，先前的功业，知识和经验。

印度科学中的这 5 种'基本'的元素相结合组成了你在学校里化学课上学到的西方科学中的 108 种元素。物理学家谈论能量最终无疑要来了解悦性，变性和惰性这三个基本 原理

悦性使事务明亮由于它的纯洁

> 悦性是健康和无病的原因
> 它将自我和幸福，只是和愉快结合在一起
> 解放（对人的灵魂的拯救），解脱，来自于培养悦性：通过吃悦性食物，遵守道德原则和只为上帝尽职。

变性的性质是激情：它产生性欲望；使男女之间互相向往。

> 它还产生淫荡及其有关行为
> 耶稣的受难源自于渴望实现所有的领悟目标和渴望与一个人的配偶结合。
> 它使灵魂绑缚在不停顿的劳作之中：哪里有变性 盛行，那里就有贪婪，活力，不停的工作，骚乱和渴望。

□□□□□□□□□□□□□

> 它欺骗着所有的自我-给予他们 错误的知识，涂改真理

20

> 它是疏忽行事的原因（漫不经心，做不应该做的事情），好逸恶劳（躲避劳动和责任）
> 它导致睡眠（大脑与感知和行为器官由于疲劳停止）

根据印度人的哲学，你拥有自我或灵魂（生命本原或内在本性）。

根据西方的科学，你只不过是一个随机组成的分子的集合体。这种说法是完全荒谬的。

不管你称自己为"自我"还是"灵魂"都没有关系。

无论如何，好在你的灵魂并不是在把你差来谴去的。

很多瑜珈修行者称可以窥探心灵并看到心灵深处许多美好的东西。在西方人们用"想象"或者"非事实的说法"来描述瑜珈修行者的行为。

如果你闭上眼睛心里想着看到明亮的光线，你努力坚持五分钟，

你就很可能获得成功。无论你是要窥探心灵还是脚尖都是一样的。

试试看。如果你能用三十年做这样同一件事，你就会成为狂热的爱好者。

来试试吧。

这个世界是为你的成长而创造的，一个通向爱或背离爱的旅程。

不管有没有世界存在，你都是存在的，当世界不存在时，你唯一的感官就是

倾听：用思想倾听。

和外部世界有关的主要感官就是视觉。男人被漂亮的女人所吸引就是视觉器官的功劳。

综和各方最新观点，自我处于三种状态之一。这在印度被称为悦性、变性 和 惰性。对于自我这个词，这三种状态有如下特点：

> 悦性-善良、愉快、平和。
> 变性-充满活力、自信、自傲。。
> 惰性-愚钝

这些是自我的基本特性：任何时候都由这三种、两种或一种特性占据主导地位。

不同的自然经历（负面的如痛苦难忘的事件）会使你从一个自我转变成为另一个自我。这些自然经历如下：

> 睡眠-恰当的、非过度的睡眠可以使你的自我处于悦性状态。过度的睡眠
> 会造成你的自我处于惰性 状态。
> 活动-可以使你自我变得充满活力和自信，达到变性状态。

如果你感到枯燥无味，处于惰性，你就需要活力，经过了充分活跃的一天，你需要睡眠来恢复使你的自我重新处于悦性状态。

你的自我受到来自七种能力的状态的压力：两性的，肉体的，情感的，喜好的，精神的，宗教的，神的。

、

这七个方面任何一方面的负面能力都会使你消沉，从悦性到变性或从变性到惰性。

因此，如果你在两性方面是失败者，你就不会达到悦性状态的自我。当你从睡了一夜好觉中醒来时，你的自我还是在变性的状态。

例如，如果你是一个不入流的牧师，你就总是不得志，因而自豪和活力就埋藏在了心里。如果你娶了一个不如意的女人，那你还是一个失败者。

如果负面的事情影响了你，你将会进入惰性状态。：愚昧无知.正是基于这种因素产生的愚昧无知才使得西方人离开自己的家园到世界的其他地方去进行毁坏：波斯帝国、荷兰帝国、法兰西帝国、大英帝国、葡萄牙帝国、和西班牙帝国都是如此。

另外，如果你在其他方面有一个方面也有负面的活力，你 就会处在惰性状态。

如果你有积极的性活力，那你就需要关心你肉体活力领域的活力状况。如果相反，（你对自己的身体状态不满意）并且其他能力领域都是积极正面的，你就处于悦性框架里 ，如果你的其他领域有一个是负面的，你就处在了变性状态 的框架里，而如果你有两个或两个以上领域是负面的能力，那你就要处于惰性状态了。

如果你的性和肉体方面都是令人满意的，正面的 你就总是处于悦性状态。

人的本性都是要选悦性的，因此，至少，每个人都需要确保性的满意。在我写的另一系列书籍"完善你的能力领域"里，我对人的最基本的五个能力方面进行了考察。那里谈到了怎培养积极的正面能力。

你的精神能力方面拥有正面还是负面能力在于你是坚持还是破坏作为阎罗王的瑜珈的五条道德原则。较小的违反导致的差别也较小，大的违反也会带来大的差别。

违反了第一条原则（对人类没有伤害）会产生极大的差别。违反可其他四条原则，差别将一次减小。

在神赐的活力领域中是正面的活力还是负面的活力有赖于你是否遵循"阎罗王"的五项宗教原则。

只有太阳和金黄色才能激发你醒悟之后．使你从惰性状态改变到变性状态或者从变性状态改变到悦性状态。以上变化即使你潜在的七种活力没有任何变化的情况下也会发生。

当你处于一种低水状态充分地和太阳或金黄色接触，你会升进更高一个状态。就盲人而言，只有接触太阳才能引起这种结果，而接触颜色却不能。沉思默想颜色或太阳不会改变你所处的状态。

在当今的世界上，大约百分之十的人是在悦性状态，大约百分之六十的人处于变性状态，其余的百分之三十是惰性状态。如果不做改变，这个比例会保持下去甚至死后。如果你属于典型的变性状态，一般来说你的变性状态会保持到老年并且死后还会有活力和自豪。

□6□ □□

□□

从观念到实践，西方社会是建立在干扰之上。从我的哲学观点来看，这是用来解释西方人的行为的三个主要假设之一。

- ➢ 我认识一位妇女，她没有教育好她的儿子，她的儿子有了犯罪的行为。她在儿子的房间里发现了毒品并警告她的儿子：我要送你去警察局或者送你去诊所。他做了少一些痛苦 的选择。不幸的是，他是生活在乌克兰。乌克兰是一个社会主义国家。你连去看电影都要做电脑记录。再也不会有那一个好心的雇主会雇佣他了。犯罪的生活在他身上再也抹不去了。
- ➢ 自然中的干扰。人们宁愿选择圆的而不愿选畸形的西红柿。
- ➢ 干扰在其他社会里。记载的有饥荒，艾滋病，巨额财产转移，战争，奴隶制等等。
- ➢ 干扰对于你自身生来健康的干扰。你摔断了腿把它打上石膏。你得感冒时吃药。
- ➢ 干扰在你的自己生活的社会中。这样的事情有婚姻制度的破裂，任由儿童自己成长，无节制地玩电脑游戏，过度的性生活，感情和精神的疾病和没有爱的生活结合在一起。，

由此而产生的对于人体免疫系统的破坏，对于你所在社会的破坏看，对于别的民族社会的破坏，对于自然界的破坏都是巨大的。在以后的岁月中，人们会逐渐认识到这一点的。

所有这些干扰都是离开了自然的生活，训练智力而不是修炼心灵。思维发现了问题于是开始思考，如何才能解决然后着手去实施。如果你信奉上帝，你就会相信上帝解决问题的能力远远超过你的能力。既然西红柿对你有用，那它就是最有用的东西。在非洲对于过去传教士的干扰，没有传教士是最优解，尽管也许并非是完美的办法。

不满

我的哲学里三个假设中的第二个是人们被不满所驱使。布什先生，不论是小布什还是老布什都是因为对再选的机会不满而决定去干涉科威特、阿富汗和伊拉克。顾客们总是不满意那些畸形的西红柿。生产商由于对所获利润率的不满而决定生产形状更好的西红柿。伊朗的男人由于不满意家里女人而到外面强奸；波斯帝国

24

的基本原理。基督教的男人们也是一样，他们对北美洲、南美洲、非洲、大洋洲、印度社会和民族造成的破坏与就如同对他们自己的社会和民族造成的破坏一样。

不是贪婪使得基督教徒们去奴役非洲。他们是由于不满意他们在商业冒险中所得到的利益而想到的一个解决办法。不是一个光彩的办法，但是却使得他们以前的那种不满意减少了。

神

我的哲学中的第三个假设是一个全能的、无所不知的、公正的，实在的神是存在的。

用这三个假设，你可以解释所有你看到得人类的行为。换句话说，你掌握了一门科学。我们有了假设，我们可以用我们的思考的出将会发生什么（那就是分析），因此我们就得到了结论。剩下的事情就是看这些结论是否符合我们所知道的事实。我可以肯定它们都是灵验的。更进一步说，它是一种有用的哲学。你可以预言人们会做什么事。然后可以根据人们是否做了这些事来验证你的预言。这是一个传统的、被人们普遍接受的不仅是科学的而且是有用的定义。所以，在我看来，我的哲学本身就是一种科学。

□7□□□□□□□□□□

就个人行为而论，我指的是你"你"所做的事情与他人无关。

就"你"这个词而论，我指的是你的自我，不是你的肉体也不是你的灵魂。你自我的功能不同于你的肉体的和灵魂的功能。例如，你的头脑可以做分析工作。你自我却不能。你的自我的功能如下：

> ➢ 记事情，说明事情，比如你的肉体和你的灵魂所做的事情或经历。
> ➢ 启动肉体和灵魂的功能。
> ➢ 倾听
> ➢ 决定做一件或者几件上面所说的事情。

当我说到与他人无关的行为时，我的意思是这门新的学科没有预言你对其他人如何行事。这个话题我在人类的相互关系的研究中有专门的论述

在物理学上，距离用公里来度量，在人类的相互关系上，这个距离是用情感和爱来度量的。

在个人的世界里，距离是用现实来度量。

现实即上帝。你与现实的距离支配着你的个人行为。就像有四种力支配着整个物质世界一样，有四力在支配着人们的相互关系，有四种力在支配着你的个人行为。

让我们首先对衡量这个距离定义一些关键点（既然你自身每一个功德特性都是相互关联的，在我的的其它著作里我也称这个功德的度量为负的距离）

当你和上帝融合的时候，距离是零。在你的一生中，如果你信奉上帝，即你将你的躯体，灵魂和自我完全交给上帝，那么当你死的时候你也将和上帝融为一体

在这个世界上，是可以和上帝接触的，你，其他人还有你存在的世界，还有除此之外的其他事物，都是可以和上帝接触的。独立的行为就是和上帝的接触。

一些人始终生活在他们的意识里，例如一些西方的学校教育总是理论的想像，他们总是想像从不关注别人。

对于那些从没有真正的和上帝接触的人或他们存在的世界，我们在这里定义他和现实的距离为100

所以我们实际的尺度是在零到 100 之间。在此之间的另外一个结点是 50。对一个和现实距离是 50 的人来说，他或她接触的是自然的生活。他们每一个都能感受到内心的东西，如果某些人在附近，他们亦能感受到他的存在。

他们也会想像，但是他们是在恰当的时候，当需要的时候才这样做。

在任何自然科学中，你都需要确切的量去衡量。所以让我们重新回到关于如何衡量与现实的距离这个问题上来，现在考虑一下激发你行为的四个因素。

当你和上帝的距离是 0 的时候，你唯一可以做的是倾听。你不需要考虑是去做好事还是坏事。当你完全信奉上帝的时候，你已经留下太多的事情没有做。当你和上帝的距离为 0 时，你不用惦念过去的事情，你没有着手的事情，你需要说明的事情，因为你和上帝在一起，你只需要注意的倾听。

当你于零距离处倾听上帝的时候，你并不是在听天气如何。上帝是重要的，上帝是正确的。你全神贯注的聆听，因为上帝需要你这样。

所有的人最初的动机渴望倾听。当他逐渐靠近上帝的时候这种渴望会变得愈来愈不那么强烈。这就是达到了渴望的顶峰。

这种顶峰不是非常的强烈。事实上你越是接近上帝，你渴望倾听的强烈程度就会越小。你这样做是很自然的。你越是接近上帝，你的所有其他个人行为的愿望也会减小，直至 0。当你靠近上帝的时候，强制和渴望逐渐变小至消失。这四个 0 中最大的一个就是倾听的渴望。

在数学的术语中，数学家们会说这四种力是以不同比率减小到 0 的。倾听的渴求是以最低的比率减到 0 的。

当你的现实距离是 50 时倾听的渴望达到顶峰。也就是说当你最接近自然生活的时候。当你脱离自然生活或到你的灵魂中来的时候这种倾听倾向也会减小到 0。

第二种支配人类个人行为的力就是渴望把事情做对。没有人希望把事情做错，但是这种要把事情做对的渴望可能是强烈的或者是不那么强烈的。如果是强烈的你就会把事情做对，如果不强烈，你就有可能做对也可能做不对。当你接近上帝的时候，你就没有了做对事情或做错事情的愿望。你想做的一切就是他让你做的事情。所以当你接近上帝的时候，这支配个人行为的第二种力也逐渐减小为 0 当你

27

与现实距离为 50 时,它也会达到顶峰。当你脱离了自然生活的时候,你只对理性的行为感兴趣,而对于对和错就不感兴趣了。

支配个人行为的第三种力或者是动机是对知识的渴望。

这种渴望增大了和现实的距离。有头脑的人总是在寻求知识。当你在距离为 50 而不是 100 的时候,你掌握着知识,你懂得很多事情。因此你想要得到更多知识的愿望就降低了。当你接近了上帝的时候,你就接近了所有知识的源头。如果你需要懂什么,你就会懂什么。你的渴求知识的愿望会逐渐变为 0。

支配个人行为的第四种力量是对幸福的渴望。当你接近上帝的时候,你追求幸福的渴望就会逐渐减小。你在不断接近他,这就是问题所在。当你的现实距离是 50 时,你追求幸福的愿望是最大的。你想得到爱,你想要去山林,想去海边接触自然的东西。如果这些事情被剥夺,你就会极其伤心。随着你与上帝的距离的增大,接近 100,你的关注点就不在幸福上了。你想要的是知识,这是你生活中的主要内容。爱情、幸福等等都不是优先考虑的事情。例如,如果你被剥夺了自由,你就不会去追寻幸福你仍然还会去追求知识:这就是为什么当今是个人们被剥夺了自由的时代。如果你疼痛,你就会想办法制止疼痛。这是由你要继续探索知识的愿望所驱使;疼痛时你不能很好的思考。

这里有图形表示支配人们个人行为的四种就基本因素

图表 1

接下来唯一要做的是量度距离。你用来量度距离的尺度就是赞成。你对已有的事情赞成还是不赞成?你对发生的事情赞成还是不赞成?

考量这些的最容易的方法就是调查表。一份表格中写入人们的各种生活状况和问他们想要做什么。他们对发生的事实赞还是试图改变它?赞同是很好考量的

有时候,就拿西方的精神病学来说,调查表主要是基于打探那些人的生活隐私。这样的调查表不会令人相信。有哪一个人会诚实地把自己的情感和愿望这样的事情对陌生人讲呢?但是这里却没有提供任何让人窥探的资料。

所以问卷中没有任何固有的偏见。赞成就对合情合理的事情同意。不赞成就不同意,我不喜欢,或我宁愿选其他说法。

印度是一个以接受命运而闻名于世的国家,因此他们的距离就相对的小,在世界各地的传统文化中,如果事情发生了,人们就接受这发生了的事情并让它在自己的生活中继续,他们并不过分地被这种麻烦所困扰。

问题发生了他们接受了。但，并不总是这样。

在天平的另一端是现代人，稍微有点畸形的西红柿都不能接受。

要这块蛋糕而不要那块。他想要到月亮上去，却不肯承认这是可笑的。

在我的"世界的历史"这本书中，我阐述了这样的观点，一切历史和进化都有一个简单的目的：上帝决心要寻找爱。因此他创造了宇宙和圣灵，你和我，以便我们中一个或者更多的人能沿着爱的道路向他走去这种假说，也是我的假设，我就用他来解释至今世界上所发生重大的事情。

它不像西方的进化理论那样牵强，西方的理论难以置信地依据于无生命的分子数量上偶然的结合在一起而进化成了会爱和会欢笑的复杂的生命。

在任何自然科学领域，大多数看似正确的理论都是这样的理论，它们最初的实例被接受，然后随着时间的推移又都要更改。

西方的关于进化的假设容易让数学家这种不可能解释得了进化的候选人来表达，这是因为西方的科学家相信一切都是巧合。自然界要发生多少完全不可能是巧合的东西你才能相信根本就没有巧合？正如爱因斯坦所说，"我不相信上帝也在玩骰子。"

但是，西方科学家们所相信的这种巧合是完全牵强的。怎么可能宇宙的进化使得太阳的温度正好适合地球上的生命？

怎么可能地球的进化使得它的大小恰好产生所需的引力使得地球上不同的生物都能生存在地球上？

下面这些事件又怎么可能是巧合：
- ➢ 地球的大气层里恰好含有氧气等等恰当的混合气体供所有的生命呼吸。
- ➢ 地球的大气层具有恰当的密度。
- ➢ 地球上的温度恰好是所有生命体所需要的温度。
- ➢ 地球上的温度正好是海洋存在所需的温度。
- ➢ 108 种元素的结合正好是成千上万不同生物所需要的。
- ➢ 元素以精确的方式恰当的结合最终形成 DNA:利用最好的现代化计算机和九牛二虎之力，科学家们才得以拆开庞大复杂的 DNA。要什么样的偶然才能使得这样巧合的事情发生？
- ➢ 108 中元素的结合可以结合出你能感受到生气和爱。

任何通情达理的人都知道所有这些都不值得大惊小怪的，西方有关进化的"科学的"理论是完全虚构的。科学家们不想接受上帝存在的可能性，因此他们对所发生的一切提出愈加背离事实的解释。上面列出的"巧合"绝不是完全的，要列出西方科学家们所依赖的巧合的清单将是一项好大的工程。

进化是你的心灵的力量朝着它的源头，神赐给你的实体：灵魂的一次旅行。

然后进化又是你的心灵力量从心灵去到上帝的旅行。

你的心灵的力量，印度人称之为生命力量，位于脊椎根部人体精神的中心（能量中心）。它是不动的。他她是随着您对道德原则的破坏而恶化的。要想使它上升，你不仅需要遵守五项道德原则，你还需要性高潮，在性高潮中，你思想所受到的影响就被暂时完全关闭了。

没有了思想，你的灵魂就自由了如果它之前已经决定了进行心灵的净化，那么生命力，它的能量将会上升。生命能力上升是分阶段的，先达到第一阶段（能量中心）然后下一个，再下一个。当生命力在你的能力中心遇到了能量，巨大的康复就发生了。在你的生命和童年期间曾对你能量中心造成的那些困扰和伤害就会修复。

如果你坚持心灵的进化，一个问题就会出现。你就会变得自我本位。傲慢会引导你破坏道德原则。你对正确和错误的认识就会扭曲。

你的精神力量撤回到海底轮。你脱离这个停滞状态就要比以前更慢。

对于有些人来说，他们的精神旅行继而是宗教的旅行，是受上帝的驱使。

某种内在的推动力告诉他们应该去寻找他。这个旅行是一样的，最初是走向灵魂的。但是傲慢不会出现，在上帝面前傲慢逃逸了。当生命力量上升到灵魂，你的一切将有上帝来为你安排了。

在印度着被称作是信奉上帝。你把你的肉体，你的思想和你的灵魂都交给了他。
在你去掉了你的傲慢之后，在某一时刻，上帝会要请你在你的心轮与他相见，心论位于你的心脏处。爱就产生了。这是你的向着他进化的宗教行程的第一步。第二步发生在死亡的时候。对每一个人来说，在死亡的时候你的生命力返回到它的源头；灵魂。如果上帝的能量先前就和你的生命力融合在一起，那么当你死亡时你的精神能力和灵魂再次结合在一起时，上帝会伴随着你。

这是人和上帝最终极好的结合。进化就是这样的，而不是什么猴子不论他们是男人还是女人，进化也不是上帝用了多少天创造了地球。

现代科学需要分成三类：有害的、无用的和错误的。现有的进化理论中最堕落的理论。

□9□□□□□□□

不同的人有不同的特性。如果你想要找到爱，这些特性大多可以忽略。

但是有一个主要的特性是不能忽略的。这个特性在印度语中称为功德。你的自我在任何一个时间点上都具有这三个特性之一。

> 悦性-智慧、愉快、平和

> 动性-充满活力、自豪。

> 惰性-愚昧无知

这些特性不时地在发生变化，我在本书的第一章里阐述了改变你的特性的方法。然而这种改变并不是时时发生的。

典型的具有悦性特性的人平均要保持这种特性 10 年。

当然，因为这是自我最渴望得到的特性，如果你已经是这样的，你就只能停留在这种状态或降低到一个低的状态。在下个 10 年里进入到变性的特性的机会大约是百分之 50。

一个具有变性特性的人保持这种特性是 10 年。但是在下一个 10 年里转变到惰性的机会是百分之 50。转变为悦性品格的机会是很小的大概是百分之 2。

一个具有惰性特性的人平均来讲要跟随他一辈子。在下一个 10 年里他转入到变性的品格的机会是百份之 5。

男人和女人是不同的。如果你是一个在寻找一个爱你的女人的男人，下面的表格告诉你什么一类型的女人可以找：

男人	女人	这个女人能爱这个男人吗？
悦性	悦性	能
悦性	变性	不能
悦性	惰性	能
变性	悦性	能
变性	变性	不能
变性	惰性	能

惰性	悦性	能
惰性	变性	不能
惰性	惰性	能

如果你是一个在寻找能你的男人的女人，下面的表格告诉你可以找什么了类型的男人：

女人	男人	男人能爱女人吗？
悦性	悦性	能
悦性	变性	不能
悦性	惰性	不能
变性	悦性	能
变性	变性	不能
变性	惰性	不能
惰性	悦性	不能
惰性	变性	不能
惰性	惰性	不能

下面几点会帮助你更好的理解这些表格：

➢ 虽然正如我在这本书的别处所说的，爱不同于喜欢。但是表格既适用爱也适用感情。例如，如果你是一位"悦性"的男人，一个"变性"的女人是不会真的爱你也比会对你真的喜欢。
➢ 当表中出现"能"时，并不是说爱和感情就一定会产生。它只是使你寻找这些男人或女人的范围缩小些。这样你的幸福婚姻的机会就在情理之中了
➢ 从表中可以清楚的看出女人找到爱和情感的可能性比男人要小。

□10□□□□□

你的性能量中心具有正的或负的性能量。如果你的性能量是正的，你是满意的，而且不再把性活动作为兴趣中心。

当男人和女人发生性行为胎儿就会产生，性能量就会传给胎儿。由于这个性能量是正的，孩子不知道性别，孩子的性能量在成长过程中用光了，当转变为负的能量时孩子就知道了性。

性生活过程中摩擦产生了愉悦继而转变为性能量。

性能量来源于生殖轮（能量中心），它就在生殖器的上方。性能量就储存在这里。

性活动不仅仅产生性能量。摩擦和欢愉滋养了支配人的其他 6 种能量体系中的 5 种。性活动会引起：
  ➢ 你的所有的能量中心都引起兴奋因此停滞解除了。

你任何能量领域，其中给予了不同的动能(在印度的哲学中，这个能量叫变性)，的满意程度依赖于你吸收到多少能量进入到人体精神力量中心，能量中心。

能量的吸收依赖与这个人体精神力量中心健康的程度。

如果你总是在想着性或者性行为，这脉轮就会会兴奋和强壮。它将不会吸收许多动能，这些动能会反弹回去冲击更多其它能量领域。你就有了负的性能量并需要补偿。

如果你的注意力在其他活动上，工作或体育锻炼等等上，这个人体精神力量中心就会放松而吸收大量的性能量。你就会很容易得到满足。

相对而言，如果人体精神力量中心兴奋和强壮，你进行的性活动就会对你的其他能量中心产生巨大的影响。你可以从性活动中获益很多。但是，因为你的注意力都集中在性活动上，多半你实际得到的不会太多：你从别的能量领域得到的能量，产生思想的能力等等被浪费了。

如果人的脉轮迟钝或松懈，性活动就不会对你的肉体，情感，爱，智力和精神能量领域产生很大影响，来使它们再生新的活力。核心的问题是你对性缺乏认识。

35

因此尽管你需要性行为并且不是把注意力全放在这上面：你更感兴趣的却是去赚钱以及其他。。

因而你的性能量亏虚，你的男性和女性特征迅速衰退。

到你 30 岁的时候你已经丧失了大量的生命力其他能量领域也停滞了。

一个有关生命力的词是按次序。生命力是你的精神能量。胎儿产生的时候，就给了他储备了生命力能量。这在几乎每个人身上都保有或多或少一定的量。在印度，生命力被认为是在"静止"。性活动产生的热量具有让生命力上升和影响你体内各个能量中心的潜力。在宗教的修行中，它不断上升和上帝相遇并与之结合。这就是所有忠实的宗教努力的最终结果。

生命力是由在宗教的实践活动中产生的热量所"唤醒"的。这种活动在印度被认为是"餐前小吃"

这方面研究的结论是：

> 那些重视性行为的人需要性行为帮助他们的肉体，情感，爱，智力和精神存在。
> 其余的那些，没有重视性行为的人，需要通过性行为来达到性能量领域的健康。这个能量领域是所有生物最基本，最重要的，最原初的能量。没有它，人类的一切功能都丧失。
> 尤其是那些在寻找上帝的人，如果没有性行为，他的寻找将不会有结果。

然而，在这个能量领域被完善之前，你需要遵守不损害人类的戒律。如果你违反了瑜伽哲学所确立的道德规范的戒律：非暴力，真诚，不偷窃，纯洁，无物欲，仍然还会得到性满足，那就是天道不公了。这种事是不会有的。

就性能量领域的满意来说，说明白点，你需要性活动，否则的话你的能量就会停滞，你的身体和你的思想就会产生疾病。

□11□□□□□□□交往

物理学家把驱动世界的力归为四类：弱，半强，强和超强。这些力并不总是这样有序，而是取决于距离。

有的可能在非常近的距离时超强，在很远的距离时很微弱。根据具体的物理距离，按相对价值计算，力有其最大极限。

就男人和女人之间而言，也有四种力驱使他们在一起。

这四种力也是根据距离分为四种：弱，半强，强和超强。

这里的距离不是厘米或者公里，而是用爱和感情方面来衡量的。如果感情可以被忽略，这就意味着你不喜欢这个人，它可以是零，意味着你对这个人漠不关心（比如，你或许不认识他/她）。它也可以是中等距离或者很远的距离。当你对妻子的感情超过你自己，这种感情就转变成了爱。这就是男人和女人之间的距离。

当距离可以被忽略时，可以驱使两个人在一起的力叫做贪念，它，就是在瑜伽哲学中知名的打破了伦理道德的原则，不拘于物（不接受礼物）。你不应该仅仅因为一个男人和一个女人住在一起就相信这个男人和妻子对彼此有积极的感情。在典型的婚姻中，大约四年后，感情就被忽略。因为理智是复杂的，男人和女人都不知道他们的真正的心理状态。因此，他们将不知道他们对另一半的感情是积极的还是消极的。这都是因为西方的教育：主要放在精神行为方面。很明显，如果他们在一起，越是贪婪，就越不喜欢彼此。

正如一个专门设计的测试可以衡量你不喜欢他人，你也可以决定贪念。你会发现，有一个1对1的对应关系。至于不喜欢变成喜欢，两个人之间的距离变小，贪（它们之间）也变小。只有当你对伴侣的爱变成无限超过你对自己的爱时，它才会完全消失。

这是人类相互交往的的第一定律。

现在让我们转入人类相互交往的第二定律。就像不能分为四种体力一样，不能把这种作用力分为弱或者强等等。这种分类最好是建立在距离的基础之上。既然我们已经开始了根据距离来分类力量的强弱，这个力量在距离远的时候是很强的，接着我们看下一个当距离为零的时候，这种力量最强，处于统治地位。在这个距离的情况下，你对你的伴侣或者你的熟人漠不关心。只有商业关系，这个关系只跟生意有关，换句话说，只跟你的个人利益有关。

人类相互作用的第二大定律跟个人利益有关。每个人当他们遇到漠不关心的人时，是基于个人利益而产生作用。

可能还有一些别的力量在起作用，但是这是对人类相互作用产生影响的第二个基本力量。个人利益驱使交易的达成，个人利益驱使两个人任何时候在一起发生的任何事情，远比其他的四种力量要强。不管距离是远（讨厌）还是近（喜欢或者爱）个人利益都成为驱使这些的动机。

当距离越来越小的时候人类相互交往的第三大定律占据着统治地位。换句话说，当你对爱人的喜爱之情逐渐变成爱的时候，第三种力量达到顶峰。你们彼此越来越近。至少你越来越靠近他或她。在这个时候，你和他或她交往的真正动机是性。如今，很少有人对他们的伴侣有着强烈的爱。因此，他们的生活被工作或者生意上的各种琐事，以及争吵等等充斥着。性在他们生活中的重要性逐渐降低。如果你爱你的配偶跟爱自己一样，你就会非常非常渴望他或她。你可以只通过想念或者注视他或她就能触摸到他。你无法想象的需要他或她。

人们不应该认为在人和人之间的距离变大的时候他们就没有了性欲。性欲是人和动物的本能。只是动物并不贪婪。它们只是自然需要。动物之间不可能恋爱，但是它们即使不恋爱也一样会有性欲。

同样的，人类在他们距离性高潮越来越近时，他们的性欲是非常的强烈的。有两个因素在支配着人类性欲的强度。然而，即便两人之间的距离没有改变，现如今的人们的性欲却越来越弱。如果两人之间的距离很大，则他们的性欲就非常低。

接下来是人类相互交往中的最后一种驱动力。那就是帮助他人的愿望。如果你对某人的喜欢或者是爱逐渐增加，则你想要帮助他或她的愿望也逐渐增加。以上帝为例，有些人希望和他亲近。他对这些人的爱是无限的。那么他帮助这些人的愿望也是无限的。这种愿望是无法衡量的。但是以人类为例，他们的这种愿望却是可以衡量的。因为人类的这种渴望是不会达到无限的。一个男人或者一个女人可能会说我全心全意的爱着你。这并不意味着他们对你有着比自己还要多的无限的爱。

下面的图可以阐述上面的四种基本的驱动力：

图表 II

我有一个比例用来大致的衡量对你另外一个人的情感，爱，喜欢或者是讨厌。当喜欢转变成爱的时候，"爱的百分比"是 40%。无限的爱就是 100%。不能超过 100%。那么如果"爱的百分比"低于零，使得两个夫妻在一起的力量就是逐渐增加的贪恋。"爱的百分比"为零的时候，两个人在一起只是因为个人利益。当"爱的百分比"在 0-40%之间，驱使两个人在一起的因素有三个：个人利益，性以及帮助别人的愿望。

"爱的百分比"达到 40%的时候，个人利益只占很小的因素。起主导作用的是性和帮助别人的愿望。

当"爱的百分比"达到 95%的时候，你把你自己，你的身体，你的大脑和你的灵魂全部都奉献给了你的伴侣。在印度，称之为敬神：奉献一切给上帝。到达了这个阶段，你的性爱将是完美的。

但是帮助别人的愿望才是主导因素。但是这种因素在人类的"爱的百分比"中永远不可能超过 95%。

这是关于人类相互交往的完整科学。

□12□□□□

人的情感起源于太阳脉。"Surya"是一个梵语词意思是太阳。人不可能直接控制太阳，因为它太烫了以至于你根本不能触摸。所以这个词的意思就是不能触碰。

情感的力量是强大的。只有月亮脉或者中脉才能够控制太阳脉。

月亮脉直接受人类自身的控制。你并不能够控制自己，你就随他自己去控制吧。只有上帝才能控制你自己。

首先，当你处于一种情绪的影响下，你有些失控。你的大脑被控制。因此，如果你继续尝试，只能给自己带来伤害。在你情绪的影响下，你多半不能影响你的腹部的状况。难点在于很难让你的腹部区域得到放松或者抚慰。通常情况下，你越是想控制自己的情绪，你的腹部就会变得越加坚硬，因此情况也会越糟糕。但是要放松腹部区域需要各方面的各种努力。药物比疾病本身毒害更大。
情感也一样是非常自然的东西。如果有人对你做了坏事，你会很自然的就生气。但是这个进展的标志就是你生气的时间比你以前短了很多。就像性和爱是你基本的生命力的一部分一样，它们也是情感。它们不会消失。

通常情感上的问题是在儿童时代就扎根了。正因为这样，它们已经出现了很多年，因此也比较难治愈。
有 45 种情感问题可能会困扰你。我在我的书籍《激发你的情感能量》里提出并详细讨论过他们。这些情感意味着你的你的情感能量领域遇到了干扰。然而你正痛苦经历的这种情感跟你的性格有关。下面的表格列出了这些情感和它们在我的书里的相应编号。

你的性格	情感问题	情感 数字
悦性	平静	1
悦性	爱	29
悦性	冷静	37
悦性	愤怒	14
悦性	虚幻	22
悦性	和平的情感	28
激性	敏感	2
激性	暴怒	5
激性	可怕	6

激性	宁静	10
激性	勇敢	16
激性	厌恶	17
激性	嘲笑	26
激性	可悲的思考	27
激性	愤怒	32
激性	勇气	34
激性	难以忍受	45
激性	荒唐	7
激性	凶猛	9
激性	色情	11
激性	同情	13
激性	多情	23
激性	创意	25
激性	欢笑	30
激性	反感	35
激性	英雄主义	44
鈍性	可悲的行为	4
鈍性	轻视	21
鈍性	悲痛	31
鈍性	惊奇	36
鈍性	微笑	38
鈍性	高兴	39
鈍性	颤抖	42
鈍性	幽默	3
鈍性	可悲的情感	8
鈍性	喜剧	12
鈍性	恐惧（对自己）	15
鈍性	了不起	18
鈍性	献身	19
鈍性	迷人的	20
鈍性	和平的思考	24
鈍性	恐惧（对上帝）	33
鈍性	冷漠	40
鈍性	悲伤	41
鈍性	惊恐	43

这个表格是非常有用的，因为在西方教育里，人们无法触摸自己的身体和他们的能力。因此，你可能不知道是哪种情感在烦扰着你。这个表格帮助你缩小你的问题所在。

有了这个表格，每个人 都能够很容易就找出自己的情感问题在哪里。在《激发你的情感能量》这本书里的其他部分主要介绍了一套解决任何一个情感问题的方法。

总而言之，只是一个对每个人都有效的基础疗法。它可以帮助你在你的同事和朋友之间建立爱和友谊，帮助你照顾好你的父母还孩子。

当爱（真正的爱）传递到了其他人身上，你的情感能量的满意度就会上升。

这儿有 6 个其他的暂时而不是根本的治疗你的情感能量领域的方法，分别如下：

方法序号	治疗描述	在情感这本书里的章节名
1	颜色	第 4 章
2	对抗情感	第 5 章
3	音乐	第 6 章
4	身体接触	第 7 章
5	水	第 8 章
6	印度舞	第 9 章

前五种方法是否有效取决于你身体的特性和你的性格（而不是你自身：参考这本书的最后一章，人类科学，它和你身体的科学有关。）

因此，我们有一整套的科学。我们有假设（可能的情感变化），理论（不同性格的人有着不同的情感，以及这些性格和情感所相应的治疗方法）。当然这项科学的真实性和确切性是另外一个问题。我相信它的准确性和真实性。

学术争论是毫无用处的。

不管一个科学家是发起一个研究课题来验证这门科学的预言性还是他保持沉默。验证这门科学都是非常简单的。你能否治愈你的情感问题？我相信你可以。最终，一门科学是否有用关键在于人们是否用到它，而不是因为它是一个研究课题。我用这门科学来帮助别人。因此，在我看来，它就是一门有用的科学。

□13□□□

西方的精神病学家和心理学专家从未体验过真正的爱，所以他们也无法真实的描述它。

在你伤害一个人的时候爱是不会发生的。这是我的科学里的第一准则。

在第 11 章人类的相互交往中，我设定了人与人中间距离的测定方法。

这是一个唯一的衡量参数，从接近完全讨厌（-95%）或漠不关心（0%）到喜欢或者爱（40%到95%）。

在你遇到你漠不关心的人（0%）之前。面对面的遇见是没有什么必要的。遇见，喜欢，爱都是和你的内心或者你自身有联系的。它们和你的大脑是没有关系的，即使你的大脑正患了疾病，它们也会通过和你的心的相互交往来产生作用。因此，你可能会仅仅通过听说某人或者写信给某人就产生了对他的厌恶，喜欢或爱。

今天，大脑在实践中患上了疾病。大脑的功能正常，但是却被训练的不得不按照一些特定的方式来运转。你不喜欢有色人种，因此你的大脑会在你面对面见到某人之前就产生干扰，然后使你不喜欢那个即将见面的人。我们可以说这个世界有一百万的人有这种疾病。有人只喜欢左手带手套的女人；有的女人只喜欢头发从左输到右的男人。多的无法一一列举。但是这些都只是症状。大脑有它本身的科学，我会单独的来论述。

所以你遇见某人，我们假定你和他或她之间的距离最初为-10%。原则上，这个数字可以是-95%到 95%之间的任何数字。-10%这个数字很容易被衡量。我在别人靠近我向我索要帮助的过程中衡量这个数字。我还在我的一本名为《爱》的一本书里详细说明了如何设计一个大概可以测量你对一个人的讨厌或者喜欢的数值的测试的方法。

两个人之间最初的距离会随着你们之间的争吵次数或者你们之间发生的积极的事情的增加次数而增加或者减小。它也会衰退。比如，你和某人之间的距离本来是-10%，如果你有一年不和他交往了，则你们的距离会变成 0.

如果长期不接触或者交往，喜欢也会随着时间缩减。衰退的速度则决定于你的大脑的健康程度，这又是另外一门科学。

很有意思的是，一个非常漂亮的人对你的喜欢的正面的冲击力远远大于一个普通的人。喜欢的程度是建立在事件的数量上，而不是他们的强度。

你身边的科学家们现在应该知道了我们对此有一套完整的科学。但是，我们不只有一套方法。当你的喜欢程度达到 40%的时候，爱就可能发生。你可能会想你会和你遇到的这个人避开所有的争吵，只在一起做一些美好的事情。

于是你们之间的距离就会越来越小，直到你找到真爱。真爱可能会发生，也可能不会，这要取决于上帝了。

我们有一套完整的可以用数学方法计算出来的关于感觉的科学。

没错，如果你只做一些美好的事情，避开所有的争吵，最后你们彼此可能会得到完美的爱情。但是，你的人生经历是由上帝赋予的。

如果上帝希望你们彼此得到完美的爱情，他就会避免争吵可能会发生的情况。如果他不希望你得到完美的爱情，则无论你如何尽量避免，争吵仍有可能发生。

上面我讲到的爱的科学是一种传统感觉上的科学。但是它并不能预言你们之间会发生什么。这是一门你可以用此来对你的伴侣增加爱或减少爱的科学。你所做的一切或多或少的在你的掌控之下。但是他或她做的事情却不在你的掌控之下。爱情是两个人的事情，所以没有十足的把握让你在想得到 95%的爱的时候你就一定可以得到。它取决于你和上帝。在这个世界上，上帝才是主宰，即使你绝对的想要避免争吵，上帝如果想要你和你的伴侣产生争吵，那么你就会和他有争吵，然后爱情就会变坏。

只有上帝才是真正的无穷的爱你，你和他之间的距离是 0.

有一种传统的印度观认为你吃什么你就是什么。或者你会成为你吃的东西。如果你吃刺激性食物，你最终就会变成激性。你的这种改变只需要九个月的时间。如果你吃纯的食物，你最终就会变得纯净。

一个纯净的人不会开始争吵。从所有这些看来，你把你的食谱调整成为纯的食物对你的爱情生活是非常有利的。

科学的食谱还有另外一个方面。经常吃甜的食物会让你的思想也变得甜美。变成那种需要爱情到来的思想。下面我会讲关于这个的数学方法。

你可以通过改变你的饮食来增加你对某人的爱。同样的，一个丈夫或者妻子也可以通过改变他们配偶的饮食来使得对方更加的爱他或她。

这样做的方法就是如果可以的话，增加你饮食中牛奶的含量。最理想的方式就是你食用的都是牛奶。有时你需要多加一些甜的东西。

如果你过着一种惰性的生活，你的新陈代谢（参考附录中的人类科学）很缓慢，你则需要用酸奶替代牛奶。缓慢的新陈代谢意味着你很容易增加体重。奶酪则对你不好。

牛奶饮食对你的生活有很多好处（如果你能忍受的话，稍后我们会谈到。）。现代社会的食物都是人工的。你认为香蕉很自然，其实不然。香蕉树生长的土壤浸满了现代的化学物质和人工的污染源。现代的食物对你都不好。

即使是牛奶也是被现代的公司人工加工过（巴氏灭菌法灭菌和均质化）。另外，奶牛的生长过程也是被加工过，也被人为的污染。奶牛 过着一种纯净的平和的生活。

吃一餐普通的家常菜也没有什么影响，对你的爱情力量领域是没有坏处的。但是你就会在那天里少吃了牛奶，因此你的进展又会慢下来。这种改变关键是看你的食用的牛奶和酸奶的量是多少。

□14□□□□□□

有些男人有一个上司，那就是他的妻子，有的却没有。

如果你们之间产生了爱，你们的精神活力则融为一体。你爱你自己也爱你的妻子，你们有了一个共同的目标。没有冲突，没有争吵。

你爱她，她也爱你，这简直太完美了。一旦这样的事情发生了，你们就有了一个情感上的或者经济上的，或者便利的或者是法律意义上的纽带。

当然，很多男人有不止一条纽带，但这都是他的上司也就是他的妻子的错。

对于这个本质有两种状况：做你想做的，或者做你不想做的。换句话说，如果碰到一些重要的事情，你们产生了分歧，你想往左，你的妻子想要往右，你应该怎么做？你应该转向右边还是坚持你的初衷往左？男人的抉择非常困难。妻子们总是坚持原来的想法，你必须顺从她们。除非你想做男人。

下面是你不能做的：
  ➤   爱两个人

你最爱的人绝不能是你自己。现在，有人告诉你"我爱你"意思是说你很走运，他们比较喜欢你，你们有了一个情感纽带（可能有性）。随着时间的流逝，你会发现其实真正爱你的人只有上帝一个。你不再给那个说爱你的人任何事物，他或她也会离你而去。孩子，妻子，丈夫，上帝在这一点上就是你的全部。

第 15 章： □□□□

有很多无稽之谈都是关于思想的，我曾经看过有差不多有 1000 多页的只有一本叫做 "思想"

思想的科学真的是一门计算机科学，对于那些对计算机科学感兴趣的人，关于这个主题，你们可以任意读上万本中的任意一本，但是我深表怀疑的是即使你读过其中一本，你也不会变的更加聪明，不过这只是对于作者的的批评，而不是针对你。

我可以讨论 0 和 1 这些字符是如何成为思维和电脑的真正语言，但是我建议不要这么做。我把这些留给电脑爱好者，这在 50 年前是一个有用的主体，但是和当今的世界没有多大关联

接下来部分是关于思想，你必须知道和理解的精华部分

什么是思想，这是你自己的一台计算机

- ➢ □□□□□□□□□□ "大脑□□□" □□□□□□□□□□
- ➢ □□□□□□□□□□□□□□□□□□□□□□□□□□□□□□□□□□
- ➢ □□□□□□□□□□□□□
- ➢ □□□□□□□□□□□□□□□□□□□□□□
- ➢ □□□□□□□□□□□□□□□□□□□□□□□□□□□□□□□□□□□□ "□□"
- ➢ □□□□□□□□一个决定给你，也就是你自己

然后由你自己来决定你是否要执行这个建议，接下来有可能有也或者没有相继的的分析工作，但是都是同样的处理方法

这是我们大家都熟知的正常的清醒状态

显然，有很多情况下，你的思想会受到如下的因素的影响

- ➢ 你的性能量领域：如果这是不满足的
- ➢ 你的身体能量领域：比如你有意外和痛苦，或者如果你有某种疾病，你的元气不足

48

> ➤ 你的情感能量领域：有 45 种情绪，其中任意一种都有可能阻扰你的思想正常的运行

世界上的每一个思想都是在完全相同的方式下建立的。

因此就是这 3 个因素在影响着思想的运作，不是别的。让我们来一个个看看这些因素

□□□□□□□□□

现在很多人性欲低下，因此也不需要太多的满意。所以这个领域对思想的条件影响不是很大。如果你不考虑性，或者你很忙，你的性欲就会下降。你的妈妈如果没有很长的喂养母乳,性欲也会比较低。现代污染导致在过去的 50 年当中性欲大幅度的下降。在古时候，如果你没有得到性满足，就意味着你得到同你的欲望相比的性生活。如今，只表示你意识到地你应尽的职责，只是你对异性的一种幻想。这当然是一个无用的活动，同前面有关想象力谈论的一样。同时你在思考的同时心烦意乱。

由性不满足引起的对思想的影响并不是确切的有害，除非第 22 章中的关于想象力的效果

性能源创造想象力。现在的很多人都对自己的生活满意。他们工作，派对，看电影，听音乐，同朋友谈心。他们对创造力的要求很低，对性生活的要求也很低。男人的创造性本能衰退，性欲也减退。妻子忙于工作或者有头痛的问题。男人也在考虑他的工作，一天到晚坐在办公室造成了体能局限。只有电影里的男明星才会像泰山一样。

身体能源领域的条件

如果你正忍受痛苦或者元气不足，那么你就不能恰当的集中精力，就不能充分的利用大脑。脑细胞会随着活动减少而死亡。但是这取决于你是否试着工作。如果你工作，你的脑细胞会变得比平常更积极，为了避免集中精力的能力的不足，如果你合理的利用你的大脑，就不会对你的大脑有不利的影响。如果你的痛或者低元气拖了太久，它会很大程度的约束你的大脑的合理使用

你的身体是你伟大知识和经验的潜在资源。这是瑜伽锻炼的目的，也是睡觉和性生活的资源。

49

现在，尽管知识的来源已经被忽略了，人类更重视摆在眼前的脑力活动，工作，学习等等。因此，对于现代的人来说，你自己本身能从这个资源中获得的经验是越来越少了。举个例子，一个人做爱或者做瑜伽结束后 5 分钟内，大脑又开始重新卷入更重要的生活当中（例如工作，婚姻问题）

只有非常有限的一小部分（如同很容易在因特网搜索到的数据）被用来输入做你的决定。世界上的每个人都很迅速的开始利用同一种数据，语言，公式，图片

□□□量□□□□

情感能量领域也直接的影响着你的思想

如果你生气了，你就不能直率的进行思考。你不能合适的吸收信心，不哪能做出正确的确定。在我的书《激发你的情感能量》中，我描述了所有 45 种情绪影响着男人（如关于舞蹈的古印度文）。如果你还记得你在学校的那些日子，印度舞者有不同特定的优雅的动作都描绘出了不同的环境和情感。

这是世界上最美丽、最优雅也是最有意义的舞蹈
同时，拥有的特定的舞蹈具体位置可以解决 45 种情感能量领域的困难

如今，情绪是令人难以接受的，它给予人的关于你内心发生的信息。你希望通过传统的中国、日本的不可思议的态度。没有人被爱，所以没有人有信息和别人分享自己的私人信息。

你从很小的时候就被训练得不能表示你的愤怒，不许哭，要控制自己，即使否则，如果你的注意力集中在前面的大脑活动是-学习，讲，听，情感是没有必要。

上帝给予你情感是有缘由的。它是让你成为人类的一部分，而不是一个思考机器，而是感觉。你用的越少，你就藏得越多，你越是集中精力在活动中，你就越像一台思考的机器

□□□□

➤ 可以提高你的智力能力，通过使用你的大脑，而不是坐着发呆，不是冥想，不是幻想食物，不是一遍又一边的思考事情

只是使用你的大脑让它变得更好，同样，它也有可能毁坏你的能力。举个例子，去看医生，使用药物，做检查，受伤或者撞击头部，撒谎等等

当然，坐着发呆，冥想也有可能有损你的能力，我在我的书"瑜伽"中有讨论过这些是如何发生的

人们不应该那么想，仅仅因为我们拥有原子弹，电脑以及手机，那么现代人就拥有比古时候的更大的智慧

你需要去读任意一本历史书去看看现代的这些学者是如何开袋社会，举个例子，在英国人之前的罗马人。你可以去读我的书"不穿衣服的人们"就可以理解为什么在公元 0 年前的欧洲特定的环境会导致智商水平的低下。他们巨大的创造力和智慧和，和世界上大部分地方形成鲜明对比。

但是就是因为群居的人们有了特定的生活环境，因而损害了他们的智力，不是要你必须相信的，例如，那时候的没有不同的环境的英格兰人是不可能和现代的人们一样聪明或者更聪明，在一定成都上，必须知道时间就是这样损害欧洲的环境。

过去 50 年里，对上帝的信仰下降加快了。因此，智力水平在下降。这种趋势还没有被注意到。衰减一个年轻人的智商需要点时间。对于在 1990 年左右出生的人，典型的衰变率是 10 分的智商每 15 年。 对于在 1950 年前后出生的人，衰变率通常约为每 15 年 3 个 IQ 点。 因此，尽管你的父母，如果说他们有一个能在晚年保持有 100 的 IQ，一个普通的青年并没有。如果他今天有 90 智商，在 15 年的时间里他将是约 75。显然下降速度因人而异的，同时并非是不可避免的。

一个小的智力测验题目看似偏离可能是适宜的。

你应该知道，智商测试的代表性的由心理学家和精神病医生来设计，因此并不十分可靠。任何现代心理学或精神病学研究的结论认为将表明，任何主题，各种不同意见是巨大的。

任何强大的统计测试将因此肯定了现代心理学和精神病学的输出是不可靠的。
智力就是你的分析能力。它并不涉及到内存，这是另一个议题。

因为某一个流行组合不能拼写"梦"或者其他简单的单词的话，这将严重的表明如果他们能够采取一个设计不好的智商测试。人们可能会发现，例如，他们低能儿。但有需要重新审视自己的核心技能：他们编写的歌曲。它是信息和结果，重要的不在于他们是否记得如何拼写。他们是否知道他们在说什么？分析是正确的？答案是肯定的。因此，这首歌"美国加利福尼亚梦想"。但他们必须认识到，明智和聪明的人不会购买自己的歌，如果它是胡说八道。

和学术界的人士对比，他们显然是对于梦想没有丝毫的了解，因此，形成对比的是海滩男孩尖锐智商（注男孩，他们的智商还没有随年龄褪色）和那些加州大学的教授，我稍后讨论。后者甚至还没有认识到，你睡觉的时候你在做梦。没有任何聪明的人会从他们那里购买，因为他们的网站里显示他们对每一个问题都回答说'我们不知道'。这些教授，因此不聪明。

现在又的智商测试的范围受文化牵制，而且不测试智商，由学者设计，测试出来学者都是良好的，被信任的学者的智商都有 140，所有这些都显示学者有良好的记忆力。他们记得黑斯廷斯战役发生在 1600 或者别的。又或者至少他们记得这是他们的历史老师告诉他们的。所以他们能在考试大厅里写很多字，写上很多页。他们没有常识的概念，和无法意识到他们的分析能力很差的批评

他们设计考试中有附加说明，只有那些拥有良好记忆力的人可以通过。这全是自选过程，你不会找到有忘记怎么拼写的学者，除非在他们超过 54 后，你测试他们。也就是说，当他们通过所有的考试，他们需要采用和写下所有他们需要写的废话，开始对年轻的下一代学者开始胡言乱语。尽管他们根本没有能力教，但是这些记住了早几代的人写下的书，

在这个时代人们需要依靠普通男人和他的对常识和智慧完美的投票能力。

问一下电脑专家去买东西，他会花上 2 小时而不是 5 分钟。他擅长他的工作，因为他每天一遍又一遍的重复着相同的事情

随着时间的推移，他的技能得到了提高，智商却衰退了。因为他想做正确，（他爱电脑）他也可以尝试正确的购物

其他专业没有那么迷恋于他们的工作和不被用来做正确的事情。一个计算机程序是否可以，程序员知道这一点。

所以他的大脑就是让他做正确的事

其他的专业，通常没有什么对或错。两个客户意见分歧，但是律师认为他们都是正确的，有位营养学家说黄瓜对你有益，但是其他人觉得没有。一个天体物理学家说，世界千万年前，是由于大爆炸产生的，有人却不认同。至少在这些最重要的领域，什么是正确什么是错误的，没有什么现代高等教育对此有所暗示。

因此，当你叫一个真正的职业球员去逛街，他会做得非常不好。这是他的核心技能。他将耗时 5 分钟，因为他在他的主要关心的工作是急忙的做事。计算机专家也将做得不好，但不是因为缺乏尝试。他有他的工作所需的技能，而不是去做其他事情。我指的这当然是只有男人除了我自己。这需要一个单独的段落解释一下购物和妇女。或者一本书。不过，我不认为任何目标读者（女）会不同意我说的关于男人的这些。

你需要从中吸取的最重要的教训，就是如果你希望下次顺利的购买或出售的房子，你需要学会自己做。你需要与那些专家齐肩，并让他做一个不至于太糟的工作。在决定依靠谁的时候，那种会提供明确的和可以理解的结果的人（一水暖

工，一个书本出版商，等等）是你最好的选择。我应该在清单里补充一下作者名。
□□

要想理想的运转，你的大脑需要一个安静，平和，有良好空气的环境。当你醒着的它需要在你醒着的时候被占领，而不是发呆。坐或站着什么都不做对大脑是不利的。

就好比一台电脑，它不需要电击，它需要某些特定的刺激而不是别的。但是电脑是一台真正的机器。有自由的市场竞争存在，但是它不会过时。而你的但脑是上帝所给予的，没有任何竞争者。

因此，它如果你不使用，它会迅速衰退，而一台计算机不会。如果你不使用它，你不需要它，于是脑细胞怒气冲冲说："行，我不被需要，我不会重现等等，再见"。例如，让你的大脑只愚钝的待上一年其影响已很容易发现，如果你访问印度的任何阿什拉姆。试试看吧。但是，如果你把计算机关闭一年后，将在未来几年几乎完好如新。时间。只需要购买新的软件，然后就能正常工作。

如果你因为上帝工作而变得敏感，你将会发现即使是洗澡的时候的温度改变对大脑也是一种冲击。它需要重新恢复。或者你会注意到如果你在洗澡或者淋浴的时候有身体压力，那么你生病了。同样，你变得敏感，你也会发现这是精神压力。并不是对于不同的人不定压力，只是大多数人没有发现。

现在，人们不断的对大脑进行不必要的电流冲击：

> 打电话，等电话响，电话响了
> 看电影
> 随身听坐在电脑前

伴随着电脑，充足的冲击，开始形成了障碍：

> 你没有注意到你的环境：获取信息的细胞已经死了，再也不能重新更换一台电脑，如果它的功能，不能正确分析。这是自相矛盾的。它生产胡言乱语若有不足或不正确的投入，总是如此。与人的大脑也是同样的道理。它分析正确，但逐步投入使用的数据量减少。你越来越依赖于记忆。

对于一台计算机来说，它有时会"冻结"，陷入混乱。在很短的间隔内按两次"Esc"键，计算机有可能挂掉。这不是一个计算机的固有特点，它只是某某产品的固有特点人脑是一台相当精密的计算机，很难让它彻底的不运作除非例如采用安眠药。但是不断的爆炸伴随的噪音意味着思维会被搅乱，由于在每一秒内不断尝试超负荷的去克服噪音的打扰，以至于细胞被烧坏。

细胞死了，你失去了分析的能力，纵使你的分析仍然是正确的，即使这是基于有缺陷和不完整的数据，更多时候你是依靠记忆。换句话讲就等同于上帝时不时的给你的过往的经验。大家都知道记忆并不是完美的，对上帝来说在你需要的时候不给你记忆是一种很好现代方法。

偏见

这里是我对一个来自摩洛哥正在西方寻找真爱的真实的反应，我不知我是否能够帮助他找到

亲爱的XXX，
我和你说实话，男人和女人有偏见。我也是，来自印度正在遭受这些。对不起和你提起这些，但是我并不想误导你。
如果你来到这里，并有一些钱，我可以帮找到你随时准备好迎接你的女人，只要买点昂贵的东西给他们，或者给他们钱

这里的每个人都遇见美国人和英国人

我不知道是单身女人谁愿意来摩洛哥除非有昂贵的有薪假期。他们并不关心摩洛哥是否是一个现代化的繁荣的国家，所有他们想要的只是金钱和声誉。

如果伤害了你的感受请原谅，但是这确实如此。如果你来这里，你只会更受伤害。

如果你已经在你们自己的国家找到那位，我将乐意给你一些如何让你的婚姻幸福的建议。

最良好的祝愿
希亚姆

今天的世界是不是关于性或爱或情感，它不是关于战争或反对战争，战斗，但是金钱和声誉。这两项任务对思想是至关重要，我们应该问自己，为什么上帝要有这两个目标？我打算在我的其他书里讨论这个问题

复杂性

你们中有些人会发现在同样的功能的情况下，25 年钱的计算机程序有 1000 行代码，现在却有 100 万行代码（例如 Lotus 123 Versus Excel）

对应于在华盛顿的美国程序员的能力下降，它们需要建立越来越多的多余行，使他们能够继续获得收入。

否则他们可能会对盖茨说，"为什么我们不花 30 美元购买 LOTUS，剪切，复制他们的代码，就完成了，你根本不需要 8500 个程序师为 EXCEL 研究了 25 年，大家都知道版权在现在并不是什么问题"

输入越多行的代码，就越容易出错（这点任何一个使用者都会发现），所以就需要越来越多的程序员去解决。你能想象看 1000000 行的代码需要多长的时间吗？再想象 8500 个程序员一起看需要多长时间。这完全取决于你砍了多少树木

因此你的生活。你可以把它复杂化，你越是这样做更多，就出来越多错误，你能做的就越少。你做好的有用的事情就越少。

你越是伤害人民和违反道德守则。自我安慰下在把事情复杂化，你并不孤单，你需要意识到比起任何世界上的大学系别，你只是明显的不好。

智力

你不应该假设，例如，爱因斯坦有一个或一比你我都更智商。用平均年龄 20 岁的标准智商在 100 的标准来衡量，在我看来，爱因斯坦的智商是在大约是 142。

1986 年研究人员曾问过 25 位专家他们关于智力的定义。研究人员得到 25 份不同的定义，例如，

在生活中对新问题的总体适应性；进行抽象思维的能力；适应环境的能力；最知识和占有知识的能力；独立能力；原创性，思想的生产力；获取的能力；对相关事务的理解能力；判断力，理解和推理；推算能力；以及与生俱来的一半的认知能力

如果根据这些定义，如果你们有了解过爱因斯坦的生活，他肯定不是非常聪明的。唯一的理由是，一个标准的智商测试表明，在最高 **0.4**％的人口是在智慧方面他是因为他有了一个良好的数学记忆。如果他采取的，例如我自己的智商测试，目的是评估智商，而不是结合记忆和分析能力，测试的结果会在 **110** 左右。属于在顶部 **27**％之列。他的伟大的主意，他说，是一闪而来，是来自上帝。在接下来的一章，我将讨论更多有关智商和天才的有关内容。

思想总结

头脑会根据提供给它这个计算机程序的数据进行计算
这些输入的数据包括情感，身体和上述其他干扰。
如果你脑子有病，只有可能是你有精神病，才会伤害到别人你会开心或者不会不开心。
对于大多数的每个人来说，计算机程序是非常令人满意的。他对你的智商水平进行定义。
你的分析能力；我说你的计算机程序令人满意不是表示你不能促进你的智力。只是现在的科学家不知道你是如何完成这些或者为何完成不了。也不代表你不能损害你的智力。两种情况都很容易发生。此外，该程序是令人满意的，即大多数人都与满意他们的智商水平。总的来说，他们不期望更多，因为他们并不需要更多。
每台计算机都有权使用数据，对于男人活着女人，这种权利叫做记忆。你有一个有关以前的知识和经验的数据库，事实上你有两个数据库，一个是你意识清醒的大脑，另一个是潜意识的大脑。当上帝需要你利用它的时候你就会访问到你意识清醒的大脑中的记忆。

潜意识里的记忆力
如果您决定追求生活的爱，你的潜意识大脑的记忆会被利用（直觉知识）。有时候，有些人会进入这些潜意识的记忆库里，而这样的人会被当做天才被世人所知。
我将在我的其他一些书里详细讨论关于记忆和智商的问题，心理健康和健康不良，疾病

□16□□ 哪□□□□□□□□□□

1. 帮助你的孩子系鞋带
2. 工作
3. 按照 X 告诉的那样去做
4. 希望自己被逗笑
5. 回家
6. 吃饭喝酒

这是相当有限的，不是吗？毫无疑问，你可以把另外一种思维方式带进你的大脑。你的思维方式越少，你的大脑工作也就越少，你的智慧也越来越少。

你应该感到幸运。假如你是一个瑜伽修行者你必须每天静坐，然后只说"慌忙的野兔"，这将对你的大脑意味着什么呢？

如果你信仰上帝，你问他答案是什么，那么提出你自己的想法就是没有什么必要的。你不必做太多的分析。他会保证你的智慧足够应付你的日常工作。否则不然，你的智慧只能让你远离上帝。

所以事实上你的思想在你的大脑里是过剩的。如果瑜伽修行者可以做到这两个，慌忙和野兔，你一定可以把其中一个做的更好。想到他，我不推荐这么做。
学习不一定非要从精神活动中获得。如果上帝决定了，你自身可以直接获得知识。比如一个钢琴天才或者数学天才常常会跳过那些初学者需要学习的步骤。任何逻辑思维都会 告诉你最初的那几个步骤是不能跳过去的。这只能是上帝的帮助。通常，那些伟大的科学家会说他们的伟大发明或者想法往往都是来自一瞬间的灵感，这个就不是思维过程的范畴。
这是因为上帝希望他们创造一些比平时的思维方式产生的想法更伟大的一些想法。
有两种类型的天才。一种人有伟大的想法完全是因为上帝给了他这些。由于他的伟大的想法，这些大学错误的把他看成天才。另外一种类型在我的这本名为《瑜伽》的书中有深入的分析。这种人 100 个中可能有 1 个，他们可以进入他们的记忆库有着近乎完美的记忆力。他们可以轻松的分析，因为他们不需要花时间去想他曾经的思维过程。
有时候，不同寻常的思维进入了你的大脑 。一些人能记住一些他们 过去生活的细节。上帝会通过各种方式告诉那些天才印度哲学的正确性。

□17□□□□□□□□□□□□□

每个人都知道，现代的计算机和照相机比人类有更多的优秀的能力 。

任何的软件程序，举个最典型的例子，他们都会更加擅长下象棋。

世界上大概有亿人下象棋，一个电脑程序可能比这中间的任何一个人的速度都快，而且可能打败他们所有的人。

一个好的相机可以记录下非常多的微小细节，远比人的眼睛看到的要多。

电脑和相机远比人类的记忆要好。

然而当你看到某个人过马路，走在你的前面，你只能看到他的后脑勺，但这也是一个你认出他来的好机会。相机却无法做到。你今天这么梳头，明天可以那样梳头。

真实的脑袋轮廓并看不见。一个正常的人可能认识 1000 个人并跟他们熟悉。另外，他可能会认识一些电影明星之类，就认识了另外 1000 个。如果你把这 2000 个人的资料输入一个有照相功能的电脑程序。然后让这个程序通过一张一个人 后脑勺的照片把这个人找出来，它大概会出来 40 个选项。

当你看到一个人的后脑勺是，最好的原因是你给你的认知系统输入一些可能性。你知道你的前面不可能是你最喜欢的电影明星。没有人能有那么幸运。你也不可能在今天有那么幸运。

原则上来说，你也可以给你的电脑程序里面加入可能性。但是电脑程序依然不如你。

来做一个不同的试验。取十个牛皮信封然后把它们轻轻的揉成一团。每个信封都多少有些不同。然后分别为这些信封取十个名字，比如弗瑞德、乔、安、安妮等等。你可以随意选择你喜欢的名字。注视弗瑞德几秒，然后是乔，依次注视每个信封 。

过几秒之后，请随意拿起一个信封看看你是否还记得它的名字。如果你是那 100 个中能够进入你的下意识的记忆库的人，你可以做到。但是 99%的人做不到。而现代的数码相机却可以完全没有任何困难的完成这个重任。

那么为什么在对于人的记忆方面你比数码相机强，而在记忆其他事物的方面却要弱呢？当然你的试验不一定非要是信封，你也可以试试蝴蝶或者小狗，结论都是一样的。

事实是上帝帮助你记住那些你希望遇到的人。

本质上来说 ，你可能根本不知道你面前的这个人是乔或者是弗瑞德，你也不知道你是否见过他。上帝把这些信息传达给你，告诉你这个人你见过，他的名字叫乔。或者他常常只是告诉你这个人你见过。

当你遇到一只小狗，你完全没有必要知道知道这只狗的名字是"亲爱的"还是"最爱"。同样的，你也不必知道你是否见过这只狗。即使是那个可以直接进入潜意识的记忆库的天才，也可能不知道他是否见过这只狗。

结论就是没有必要建立一个用你的方法无法辨别的电脑程序去辨别东西。

你今天这样梳头，明天那样梳头。你的头发颜色今天是红色，明天可能是蓝色。只有人类可以辨别出这个发型他昨天或者 10 年前曾经看过，即使可能形状或者颜色并不完全一样。他甚至可以在没有看过这个人的后脑勺的情况下也照样想起这个人 。谁会在第一次就那么仔细的盯着一个人的后脑勺看呢？这不是他们经常做的事情吧？

人们有时认为，比如电脑和相机可以无极限的越来越好。在 20 世纪早期的物理学界有个物理学家叫海森堡，他注意到人类不可能在同一时间同时记住两个事物。海森堡的测不准定律，一个久负盛名的物理学原理，告诉你你不可能在同一时间内准确记住一个事物的速度和位置。

后者就是海森堡提出的定律。

希亚姆·梅塔的定律就是你不可能立刻就准确的记住两个事物。你要么集中在这个口香糖有多美味，要么集中在她身上。随身听 或者你前面的人。她或者她身上的衣服。你都只能关注到其中一样。

任何的现代技术设备都有速度和精度的极限。而你不是现代技术设备。因此你可能快速而准确的认出那些可能性为零的事物（比如站在你面前的明星。）越不可能的事情越难辨别就像相机没法认出她来一样。而你则不会有任何问题。上帝会告诉你，然后你就去做。辨认某个事物往往在一瞬间 。甚至你不用睁开眼睛。但是如果你闭上眼睛，上帝就会知道你根本没有兴趣认识知名影星所以也不必费心告诉你。

上帝会帮助你的。他不会帮助相机 。

这就是为什么在这些事实上相机永远都不如人类：记住你需要碰到的某个人，或者虽然你从未遇到过，但是你知道她可能就是你未来的妻子。

比如上帝知道那个演员在电影中戴的是假发。而今天她决定不戴则是任何电脑都无法预测的随机统计数据 。

我并不是在这里告诉你现代电脑和相机不能擅长一些不太重要的东西。他们被发明的真正目的真是在此。

爱情和金钱相比呢。当然爱情永远获胜。

 □18□□□□□□

比如一个小孩的尖叫和哭喊，你应该知道哭声越大表明越自然。孩子哭闹表示他可能需要钱或者糖果或者去动物园。他的哭声越大表明他越想得到它。他的哭声差点掩盖住这一事实。

自然生活其实和哭喊并没有关系。

人们的不自然的生活的主要渠道是通过食物。西方的农场主，医药公司或者很多的其他机构对食物链起到了干扰的作用。你给你的孩子越多的不自然的食物，尖叫和哭喊声就会越大：反抗。

我并不是说你应该回到乡下去散步或者其他。但是 90%的不自然的生活都是和食用被污染过的物质有关。你喝的水是循环利用的。你吃的苹果有各种用途的化学添加剂：

> 苹果树生长的土地由于过度开发变成了不毛之地。而农场主却加入各种化学肥料来刺激苹果的生产。

> 苹果树生长的土地被周围的工厂和他们生产出来的化学物质污染，导致苹果不再好吃，也不再好看。农场主则添加各种化学物质使得苹果看上去依然诱人，尝起来也不错。

> 昆虫对杀虫剂的抗药性越来越强。因此农场主添加各种化学物质使得苹果树能够抵抗各种昆虫。

> 人们在各种季节都需要苹果。因此食物生产商添加各种化学物质人工刺激苹果在不当季的时候看起来也不错，即便是它已经过季了好几个月。

当然这些生产商会放毒于这些你食用的食物还有其他的一些原因。但是当然唯一的理由还是利润。这个有利可图的原因就是消费者更喜欢这些被污染过的食物。

如果你想要拜托这种不自然的生活，你需要做一个试验。你需要持续五个月坚持牛奶或者酸奶的食谱。你可能还需要一些糖因为牛奶本身也已经不像从前那么自然了。和西方的食物生产没关系，和水有关。在五个月之后，你会发现你会对哪些好哪些坏更加敏感。

你吃冰淇淋，你马上会想这个东西对你是好还是坏。

对于有的食物，你不会 马上就知道好还是不好，你可能几个小时之后才知道。

比如 ，你可能会因为吃了一些蛋糕而生病。以前，因为你不知道你的感觉器官到底想要什么，你可能真正喜欢蛋糕。现在，他有一种完全不同的味道：你可以吃掉它，或者丢掉它。但是几个小时后，你感到不舒服，你会希望你下决心扔掉它。病症不会持续很久：这主要取决于你到底吃了多少蛋糕。比如，一小块蛋糕可能会让你 6 个小时觉得不舒服。你比以前更强壮，但是也更敏感。如果你吃了三块蛋糕，你可能会超过１８个小时觉得不舒服：身体驱除毒素是有一个时间段的。

当你生病的时候，你就不应该继续吃甜的东西了。无论如何你都不应该吃甜食了，因为甜食需要消化，而不是让你的胃休息。但是你一旦尝试我的实验就会知道一切的。

生病也不一定就是一件坏事：你做了一些错事，你的身体给你一个用来康复的假期的机会。

Some people have had such an artificial living that it is not possible to go onto a milk or yogurt diet. Such is life, but you can still reduce the artificiality of what you eat or drink.

有些人习惯了不自然的生活方式，牛奶或者酸奶饮食法对他可能不太奏效。但是在这种情况下，你也可以尽量减少食用不健康的东西。

所有的决定都在你自己。

几乎每个人都有一个良好的感官。这些感官精确的传达信息给你的能力被损坏完全就是因为你的习惯。即使已经吃了５０年污染过的食物，你的感官依然完好。你的味蕾立马就知道哪些对你好，哪些对你不好。我前面讲过，你可能不知道，因为这需要几个小时，但是你的味蕾一定知道。它们一定知道现在水尝起来不好。你可以自己做试验看看。

你已经生活了有１０００年了。你可能会说，对于什么好什么东西不好，你已经是专家了。你不需要任何烹饪过的食物，任何蔬菜，任何水果：你亲自试试看吧。５个月之后，你依然还是专家。你不需要我的或营养学家的任何建议。所有你所需要做的只是远离西方的食品。

我所说的所有，还包括你需要远离西方的药物。对于孩子而言，不自然的行为的主要原因就是不自然的食物。对于成人来说，也是一样。但是西方的药物对你的身体带来了巨大的伤害，因此最终导致了不自然的行为。西方药物的伤害我会在我的一些其他书籍里面揭晓一些细节。

我们再来看自然的生活，它对你的性生活有较大的好处。你会知道你什么时候需要性生活。你变得敏感。你知道你应该和谁发生性行为。等等。

同样的，你的情感越来越少的收到干扰，你的其他三个能量领域停止了他们曾经的那些扰乱的精神活动。分清正确的和错误的人，然后和正确的人结婚，这对你的大脑也会有很大的影响。这是自然生活所带来的另一个潜在的好处：知道做什么和什么时候去做。

上面的所有结论都很容易被任何有能力的科学家验证。

第 19 章： □□□

你所有这些生活经验，然后几秒钟后，你忘了，这并不奇怪。我们的经验只提供给自己，举例来说，当你的潜意识催眠访问的大脑，尽管他只能不完美的做到这一点，他可以让你回忆起许多事。顺便说一句，如果你死了，他绝对不会让你记住在你过去的生活里做过什么，因为这些经验丢失了。只有两种人可以记得，在他们过去的生活发生了什么：

> 伟大的虔诚的领袖
> 那些上帝想让他们上电视并讨论他们过去的人

因为他们在电视上露面，前者当然很少有人说他们能做到和真实的故事相违背的事情。

因此，当你遇到约翰的时候，你并不能记得他的名字，这只是上帝想故意替你制造尴尬。

你可以相信你可以通过练习记忆那些有用的东西来提高你的记忆力。（列出哦 10 个对象）你真的很有可能记住列出的 10 个对象的有用资料。如果你想浪费时间，上帝会非常乐意的帮你。对你的这个主意他有着无穷的耐心。然而，当你遇到约翰时没有任何的改变。你的记忆力没有得到提高。这就取决于上帝是不是想捉弄你了。

第 *20* 章 睡梦状态

要了解你是否在做梦，你确实需要美国政府大量拨款
这当然可以。

这里是在美国国立医学图书馆里，7 年级和 8 年级的学生从头到尾将学习到的有关梦想的解剖科学知识 (www.nlm.nih.gov/exhibition/dreamanatomy/index.html):

3. 介绍如下两种解剖插图（一次一个或一起）
  ➢ *人体和住宅*
  ➢ *工业团体*

□□□□□□□□□□□□□□□□□□□□□□□□□5□□.

加利福利亚州
然而，对于成人（聪明的人），要寻找你问题的答案，最佳地点不是那个叫做梦的定量的网站，由美国加州大学圣克鲁斯分校的一名教授提供 (http://psych.ucsc.edu/dreams/):

问：我又一个非常有意思的梦，你能解释一下吗？我正遇到噩梦的难题，你能帮我吗？
答：不不不，对不起，我们不做这个
问：我们为什么会做梦，梦是否有什么用途？
答：没有人能确定，但是现在看起来梦没有什么适用功能
问：你有关于梦的理论吗？
答：我们正在研究一个有关梦的神经认知理论

它是如此复杂，是不是？没有普通人会无休止的想了解关于梦想容量方面的东西？ 原因很简单就是大多数聪明的人会明白梦和数量没有任何关系，和脑力的大脑活动无关。因为你是睡着的。说的明了点，就是没有神经认知活动。这都是一个梦（沙滩男孩，圣克鲁斯？，'加州之梦'。这不是一个拼写错误）。如果他们没有什么目的，那为什么上帝会让你做梦？

65

加利福利亚有目的，我肯定他一定和梦有关系
我们可以带着自信确定的说，从加利福利亚大学里是找不出什么有用的东西。有趣但是没有什么用。让我们看看到底发生了什么并找出有用的东西，例如对这 4 个问题的答案。

梦的目的
事实上是，你的大脑睡着了，没有工作，但是上帝他自己还是会给你经验。
因此，为免生疑问，你在睡觉，但你（自我）没有睡着。
对于 2500 年或以上，印度哲学家已经认识到自我的不夜城。
它并没有太多的事你自己是否有资料，输入你睡觉时，或当您不。它只是让数据。
因此大脑本身在睡梦过程中得到的数据和再工作时间得到的数据一样有价值。这只是一个给你个一个数据，至于是否处理就看你的意愿了。
现在，白天的时候，大脑运行的时候你有广泛的经验，能为大脑本身填充这些资料。同样这也发生在梦里。

不管你是醒着还是在梦里得到的经验，都是赐予你的。

所有这些经验的终极目的就是让你更靠近它，或者如你所想，离他远一点。
在醒着的状态下，你的大脑会对获取的信息进行处理。在做梦状态下，却不会。
因此，上帝在梦中给你可怕的经验会比较容易，也可能给你少点痛苦，它对你的自我有着强大的影响。
所以噩梦是有意图的。一个人做了噩梦会让他向上帝祷告。

有些人，或者会变得不相信上帝，上帝决定了你的需要。
因此，你可以得到一个噩梦，因为你是在做梦，你认为它是一个有形的即将到来的痛苦事件（见第 29 章，恐惧）。这样，因为你过去的活动，上帝让你产生恐惧。您可能以这种方式伤害过谁或，你必须知道害怕是什么样的。

很多伟大的瑜伽大师和圣徒说从梦里他们得到很多关于怎么做的重要信息。哪些人是我们不适合的？为什么上帝不直接在你清醒的时候和你沟通，而是在你睡着的时候？这是因为他们不是在白天接受他的信息：他们可能是在做梦或者例如诵经。

你做梦的数量取决于你需要多少人生的指引。

假设已经决定忠实的相信神的旨意。你不需要任何梦，然后你不再做梦。
不管是否相信上帝，做梦做的做多的人就是哪些有最多不确定的人生方向的人。

没有一个叫做梦分析的东西。

梦的分析也没有什么用处。不可能知道上帝接下来会给你什么样的梦类型，如果梦的意图被知道了，也不知该怎么做。同其他西方科学一样，梦的分析可以提供理论却没有什么用的知识，
例如它可以提供例如这样的理论只是：你做梦只是因为你不喜欢猫或者是你喜欢猫，我也不清楚。
如果有一些科学家试图测试一下你的身体是否睡觉（例如在我们前面提到的挂在墙壁上 5 个部分），他们应该知道，你的身体并没有睡觉，除非死后。因为你的头脑是睡着了。意识的活动停止。身体在你睡觉的时候开始有效率的工作，因此，例如，当你躺下休息，新陈代谢也就随之下降

宿命和梦想

在你的一生中，你会做一些好事坏事，上帝会根据你做对好坏的选择，给你愉快、痛苦的经历（宿命）。

对于走在阳关大道上的人，他或她的选择是由上帝期望的。他们与自然和谐，也没有逆反，没有积累，没有造成愉快或痛苦的经验。这样的人就没有梦，如上所述。
没有理由做梦，进一步说，他或者她需要最大数量的无梦睡眠来恢复第二天的活动

对于其他人，作为愉快或痛苦的经验的一部分，梦里常常出现要求世界公平。首先要注意的是，对他们自己来说，这个是他们最重要的观点，梦境和醒着的状态没有什么区别。在梦中的状态他通过大脑和感觉器官直接从上帝那获得经验，在醒着时候他也是一样。这种角度看自己的根本区别就是无梦状态和如上的两种状态。在无梦状态里没有经验。它会记住幸福或悲伤，例如，以前的事情。

还有，从另一个角度来看，梦境和清醒状态有根本区别。梦境状态下，自我反应，但不采取行动。在清醒状态，它在正确与错误中进行选择：它采取行动。因此，梦境状态不会引发触犯法律，不会因此产生反应链（在印度这被称为宿命法则）

梦因此绝没有让世界公平的意图：它不会触发后果。它不能帮助你在生活中进展或倒退。只有人的醒的人 能做到这些。

因此，梦的内容和数量有原因（为了公平的世界），但是没有任何意义（绝不是公平）。

67

无论是未来的生活还是未来的梦想都有一些必要的行动。例如，你为终结你的生命做的行动，你能够体验到的后果或许太晚。或者，一个不是很美好的例子，如果你已经杀死致残很多人。然后，您就会相应经历一系列的同样的杀害或致残。同样是如此的所有五个道德原则，而不仅仅是杀生（非暴力主义）的行为。你将在你未来的梦想，或者在当前的生活，你将遭遇因你撒谎、盗窃、破坏别人的贞节，和贪欲 造成的苦恼。

就我自己看来，梦里痛苦的经历和醒着的时候一样，同样让你痛苦。愉快也是一样。一个杀死 1000 个人的军人在他的一生中不需要 1000 个类似的死亡和漫长的梦。这是不可能的。

即使是一次漫长的死亡经验不可能在他的梦境里，因为梦境状态每晚上只持续几个小时，在他死后，他经历了由他造成的 1000 次伤亡。并不是时常有人能为别人制造1000次真正的快乐。

妓女可能是一个例外。对于已婚人士，他或她会，让我们猜一下，会为他或她的配偶制造 1000 次快乐。但是，这差不多在他在人生中会得到的对应的幸福。大部份情况下，就是这种喜悦在维持时间很短（一小时左右），对比而言由于受伤、谎言、偷窃等造成的伤害却会持久影响。所以对于大部分来说，或者的经历比死后的经历要好。
对于自我，只有痛苦能作为重要标志，能不确定性的预见着死亡。在其他方面，你以前的生活，你的死亡前后。

生活是一个契机，为你以后的存在创造一个根本改变。当你即将死亡的时候就没有了生活。你不会获得重生。

梦想的科学既没有资格也没有用。只有上帝决定是否记得一些事情。公司应该支付你 100 美元，给你列出的事情要记住 55 个没有用处的，而不是给他们 100 美元。你没有训练你的记忆力。

因此，它将永远不可能培训一批人记住他们的梦，再往后又告诉你他们的梦是什

56

睡眠对精神旅程或宗教旅程都起着非常重要的作用。在睡眠中你可以触及自己的灵魂。这是一件精神事件。你的大脑却得到了休息。

睡眠还有另外两个作用：

让你的身体放松和恢复健康

让你的精神放松和 恢复健康

然而，关注你的睡眠最重要的一件事是看你的睡眠是否被干扰。

大约有 90%的人患有成千上万种睡眠障碍中的一种或多种。

如果你的睡眠被干扰，那么一定有些事会在你醒着的时候变得非常糟糕。有两件糟糕的事情，要么你对对错莫衷于是，要么你无法用你的意志力去做正确的决定。

你需要关注的关于睡眠的第二件事情是你不需要有过多的睡眠时间。

你需要履行你的职责，不能通过睡觉来逃避你的责任。你也不能有太少的睡眠时间，因为如果那样的话你的身体和大脑都不能得到充分的放松和恢复。不管怎样，长期的睡眠不足也是一种睡眠紊乱，上面已经讲过。

你所需的睡眠总量取决于这些因素：

你所做的体力劳动的多少（+）

你所吸收的信息 的多少（+）

你吃的多少（-）

你思考的速度（速度慢就意味着你需要更多的睡眠 ）

你的新陈代谢（快就意味着你需要更多的睡眠）

你争吵的数量（多就意味着你需要更多的睡眠）

睡眠的时间超过身体的需要，对一个即使很聪明的人也是有很大的负面影响的。

思考和吸收信息的能力 。如果你睡觉之前或之后没有做什么，这个能力就是一样的。

睡觉的科学有些是可测的，有些是不可测的。当你睡着的时候是不可测的，因此你 并不知道在梦里上帝都给了你什么。这是一门假定的科学，和印度的传统思想是一致的。

睡眠的其他部分是可测的。你可以剥夺一个人的睡眠然后观察他受伤的身体和思想恢复的程度。

你可以对一群人提问，看看他们的睡眠情况如何，是否有睡眠障碍，然后测试他们的辨别是非的能力和意志力。

精神病专家可以修改他们用来测试人的智力的测试，他们可以测试看看如果一个人过量睡眠的话，他的智力是否会下降。

上面例举的因素每一个都是影响睡眠的必要条件，你可以衡量这些因素，然后创造一个在上面的那些因素的任何一个的环境。

57

第22章白日做梦

有些人会做白日梦，有时人会想像一些事情。
你觉得对此应该作何解释呢，完全无用的行为？如果你累了，你可以早点睡觉。

白日做梦

白日梦的意思通常是指你做的不是你的本职工作。你本来有些事情做，你却不去做。你漫不经心因为你真的不担心你是否对你的老板或者你的家庭尽职尽责。那么我的朋友，对此，你能做些什么呢？
什么都不能。有人想尽职尽责，有人不想。
当你做白日梦的时候，上帝把想法直接给你而不需要经过你的大脑。也不需要你的脑细胞，他们毫无用处。由于毫无用处，它们迅速的死亡。你的智力也一样。由于你并不是在做你需要做的事情，所以也无关紧要。
你的身体在飘荡，不知道去向何处。你变得健忘。你的大脑充满了上帝给你的白日梦，以至于你无法记得发生了什么。
一些短暂记忆的脑细胞已经不存在了。

想像力

你有着丰富的想象力。画家在画画之前会想像他将要画的东西。想像力是很重要的一个功能吗？不。在人生中，一个人只需要稳稳的站在这个地球上做一些有用的事情。
创作艺术作品，而不是在纸上随便画点什么。真正的艺术是来自于心，而不是大脑。在我看来，最好的艺术家和科学家都没有非常丰富的想象力。
想象力和构思是不同的。你在修建一个建筑物之前需要在大脑里有这个建筑物的"图片"，看上去它似乎是真实存在的。当然不必一定要有混泥土和砖。
在生活中，一个人会慢慢形成习惯。你通过想像各种事物来形成你的想象力。你逐渐习惯想像一些并不存在的东西。你告诉别人某些事情的时候，他们不知道你所说的到底是真的还是假的。
你最终变得失去了辨别事物的真假的能力。
如果有了这种情况应该怎么办呢？可能这个人读了这篇文章就会有所改变。但是也未必。大多数的人都已经形成定势了。很难改变他们的行为方式。有些已经习惯想像事物的人正在做着和他的责任不同的事情。比如，你可以说如果你做这件事的话，我给你一百美金，这个人可能会说，好，我会去做。但是，他可能还是没有做。

70

你不管是想做这件事还是不想做，都不会有所改变。
58

□23□□□□□□

下面这是一个假象：

人们认识到，精神障碍不是道德缺失或者意志力不好的结果。而是一个正常的需要特殊治疗的疾病（精神健康：一个外科医生的报告）。
一个真实的描述：
导致残疾的１０个因素中有8个是精神疾病 (世界卫生组织，世界银行和哈佛大学)..
从第一个方面来说，精神障碍不是道德缺失或者意志力不好的结果。
有两个原因。
无论什么精神疾病都没有一个特殊疗法。
从第二个方面来说：导致残疾的因素是精神疾病。有１／5的例外。（上帝决定让你残疾，而不是通过影响你的大脑来让你残疾。）
Here are the main problems caused by moral failing and lack of will power:
这里有一些因为道德缺失或者意志力不好的结果所导致的主要问题：

虐待
小儿多动症
收养
老化与老年病
酒精和药物滥用
老年痴呆症和其他痴呆症
愤怒
焦虑症
自闭症
双相情感障碍
癌症
慢性阻塞性肺疾病
转变障碍
克罗恩病/肠道炎
抑郁症（单极性）
抑郁症初期

糖尿病
混乱的童年
解离性疾患
家庭暴力和强奸
饮食失调
情绪多变
癫痫
心脏病
高血压
同性恋和双性恋
冲动控制障碍
不孕症
网络成瘾
学习障碍
药物
记忆问题
心理健康专家
精神发育迟滞
多发性硬化症
强迫症

59
对立违抗性障碍
人格障碍
创伤后的精神失调
心理治疗
关系问题
精神分裂症
自尊
性疾病
性行为与性问题
性病
睡眠障碍
吸烟
发声障碍
减压
打击
自杀和自我伤害
杜瑞氏症和其他痉挛

治疗和干预
减肥
健康

说句实话，这个列表并不是出自我自己，我是在网上找到的。一些现代的研究者（我并不想要夸他们）说就是这样的列表，我想或许是真的。我读了。科学家说□□□□□□□所以可能是正确的。

但是如果道德缺失或者意志力薄弱而做了上面的那些坏事也没有关系。有的坏事发生了，或者没有。你都应该有能力解决问题，不是吗？一个不需要 50000000 美元的纳税人。钱用来关注月球上是否有水，或者别的。健康。这并不重要。

我们可以做无穷尽的研究。但这样只会更加显示出对知识的匮乏和更多更多的迷惑。把你的精力集中在一些重要的事情上。长时间的复杂辩论说如果你杀了人是不是应该去坐监狱是一个没有意义的事情。你最应该做的不是这个。

摇滚巨星之死

经过了６０年嬉皮士梦想逐渐衰落，娱乐倡导者开始追逐摇滚生活的颓废。所以组建了滚石乐队的布赖恩·琼斯在 1969 年 7 月被发现死在他的游泳池里。他只不过是那些高知名度的摇滚巨星中死亡的一个。

两年之后，琼斯被科特·柯本动母亲进入到了"愚蠢俱乐部"里，同时还有 3 个这个时代最伟大的音乐家：詹妮斯·乔普林，吉米·亨德里克斯，和《大门》的作者吉姆·莫里森。提出来令人毛骨悚然，他们都只有 27 岁。

信息来源：MSN 娱乐，2005 年 11 月 10 日

现代音乐对大脑有非常强大的影响。比较而言 1960 年代的音乐相对比较平和。死去的青年不一定都是坏的。只是取决于你想对你的生命做些什么。

60

□24□□□□□□□

我曾经在别的地方提到过仁慈与智慧是相对的 。比如计算器就并不仁慈。我对仁慈的定义是：

当你独自一人时遇到一个你并不认识的人，而且以后可能也不会再碰到，如果他正需要帮助，而你也可以给他。

非常奇怪的，这是一个你的大脑和仁慈之间的一对一的对话，你的大脑说你不应该帮助他，仁慈告诉你你应该帮助他。你的内心曾经受过善良的感化，所以你否定了消极的观点。

这个世界没有邪恶。一个人之所以去伤害另外的人，可能伤害的很严重。他总是有他的理由。他可能有一些精神障碍。或者这个人曾经伤害过他或者别的人。精神障碍的构成有很多的原因。他可能是一个士兵，他认为遵守命令才是他的天职。世界自有公正，一个人受到伤害也是有理由的。然而这并不是可以就此带过的借口。

73

61

□25□□□□

任何人都会紧张，这很正常。不管你是繁忙或者悠闲，紧张是与生俱来的。

如果你很忙，你会在集中精力做事的时候自然的变得紧张。

如果你不忙，你会在其他的人或者事打扰你的时候很快的变得紧张。

每天你都应该抽出至少五分钟的时间让自己安静。关掉电视机关掉手机。坐下而不是躺下，忘掉你白天的一切活动，所有的问题和烦恼等等。感受你的后脑然后放松它。这就是你的心灵家园。

你应该每天这样做一次，就一次。安静的坐着，什么也不做，这对你将是非常好的。在这样的日子里，紧张是多么的重要以至于你需要好好观察它，然后你就会变得越来越冷静。

你需要尽可能的避开很多让你紧张的一些不必要的情况。

当有些令人紧张的事情发生，你需要问问你自己，这个对你来说这的很重要吗？

它是不是的确非常要紧以至于你会因为它的发生而变得烦恼而紧张？那么来轻松一下吧。有时有的情况需要你的肾上腺素你必须为此生气。然而大多数时候，你却没有必要紧张。

你需要每天一次性生活。性生活会使你的神经放松并且给你的大脑带来创造性的能量。

很快人们就会发现紧张的程度有所改变。当今社会它的确是一个致命的疾病。

有时紧张是不可避免的。安排你的家庭生活以减小紧张这对你来说至关重要。在家庭生活中你唯一需要人手的紧张来自于你的孩子。你把他们带到了这个世界然后训练他们使你紧张的技能。你必须忍受他们到 15 岁左右，他们很可怕。

你的紧张程度是与你和上帝之间的距离成反比例的。(你和上帝距离越远，你就越紧张。)和上帝越近，你就会会越敏感，你感觉到的紧张比你实际上的紧张要强烈。同样的，你和某个人之间越亲近，你的紧张也会越少。这两种距离在我们人生中是很基本的一个东西，我的其他书里有讲到如何来测量这样的距离。

62

□26□□□□□□□□□□□□

你的大脑需要思考一些好的事情。不必去想那些恐怖的故事或者暴力电影再或者是那些发生在世界各地的所有悲惨事件。

你的思维应该千变万化。仅仅只是思考你的工作或者你的家庭是远远不够的。

你的大脑也需要现实事物。朋友就是朋友而不是你认识的某个人。电影不是现实。你的工作也不是现实。现实就是遇友好的人，帮助他们，亲近自然。

你需要认识不同的人，同性的（比如你自己）或者异性的。

你的大脑不需要持续不断的噪音来娱乐它。当你走在街上的时候，看看你的周围。观察那些人们，观察你周围的一切，看看正在发生什么。用你喜欢的音乐来做持续不断的背景音乐对你的大脑来说是一场灾难。

你的大脑需要方向。每隔一定时候，你需要坐下来好好思考一下你希望在你的人生中获得什么。金钱还是地位或者别的什么东西？

人生的唯一的最终目的是看看你是否使那些你遇到过的并且需要你帮助的值得帮助的人快乐

对你的大脑，你思考的工具来说，最重要的一件事情是，不必一直重复的思考同样一件事。比如你丢了钱，你不知道丢到哪里去了。那么集中精力的彻底的找 一次。然后就忘掉这件事，进行下一件事。

于是告诉自己说没事了，都过去了。就这样 。你丢的数量越多，你的得到的教训就越大。

对于大脑来说更加没有必要的一件事情是争吵。如果你和你的配偶吵架，你需要找到一个让争吵停止的方法。无论什么时候都不要有争吵。如果必要的话，她做她的，你做你的。争吵会导致紧张，睡眠不足，性生活不足，精神疾病最终可能还会导致身体的一些疾病。

63

□27□□□□

如果你想在你的一生中做一些有用的事情并取得成功，你就需要动机。动机就是你坚信某件事情是重要的，然后想办法做到的一种决心。

比如，你花了几天或者几个星期甚至几年的时间努力的去做某件事，最终做成了。这就足够了吗？不。一旦你完成了某件事，你会想做另外的更多的事。

在你为一件事花费很多时间的时候，你主要在思考如果在同一个方向内做一些其他的东西。你会去想要宣传你都做了什么。于是你会花时间来和朋友交谈，从报纸上找一些感兴趣的东西或者其他。你会发现，在你这个年龄，其实什么也不是，没有人真正关心你到底做了什么。如果你做的事情里有一些金融兴趣的话，他们或许会关心一下。但是他们也不是真的关心你做的事情，他们不过是对赚钱比较感兴趣罢了。

人们只对自己的事情关心，对别人做了什么毫不关心。人们甚至对流言八卦也并不感兴趣。他们可能会传播流言，他们可能会问你一些私人问题，但这只是习惯而不是他关心。但是，你可能会说，我认识一个人就总是关心一些流言八卦。他是想给你留下印象或者他想通过他的这些知识给别人留下印象。或者他认为这些信息会对他有用。

你花费了许多精力却没人感兴趣。你于是失去做下一件事情的动机。

一个人花大量的精力想要去做成某事并不是一种自觉行为。他只是想证明自己对社会是有用的。即使某个人把他的所有时间都花在发展他的生意上，他只是相信自己真正在做一件对社会有价值的事。

绝大多数的人从不（即便是一次）试着努力做一些对社会有用的事情。所以他们不会失去动机。但是他们从一开始就并不努力去做，他们认为努力去做一件事并不是那么重要。因此，用我的定义就是他们没有开始做一件事的动机。

那么，第二轮到了，当你发现你已经完成了第一件事情，而且发现没有人对此感兴趣，于是你开始思考第二件事，这对你来说有点难。你想做一些有用的事情，你有一些想法，但是你知道即使这些对社会有用，但是你的想法还是很难实现。

将会发生什么呢？你带着一般的热情做第二件事情。热情开始渐渐衰退。

你开始不集中，你失去了对生活的兴趣。于是你开始睡觉，时间远超过你需要的睡眠时间。你的精神能力开始衰退。

有人说过，世界上有三种人：

一种人是在他的人生中没有任何一件他想要去完成的事情，对生活完全没有激情。

一种人 是本有一些事情想要完成，但是却失败了，于是做事情的激情消失了。

另外一种人就是做了一些有用的事情，然后激情消失。

其实还有第四种类型的人，那就是想要做一些对社会有用的事，他会求助于上帝。他的激情永远不会消退，他的努力也永远不会白费。

64

□28□□□□

我们普遍的认为人是自私的，比如 受利益的驱使使得在最后关头的决定总是建立在自我利益之上的。

这并非如此。每个人的心里都至少部分的为别人的利益在着想。这是有个范围的。有的人有 10%是为社会着想，有的是 50%，有的是 90%。我们有各种各样的人。

没有人是 0 或者 100%。而且这种倾向在人的一生中都不会改变：这是你固有的特质。

对上帝的提问做出评价是非常有用的。有些人称他们信仰上帝或者他们正在做上帝做的事情。以上人士的说法没有任何的参照。没有人 100%的信仰上帝，这也不起任何作用。如果你信仰上帝会给别人（包括你自己）带来好处吗？上帝并不需要你的帮助。

也不需要你的信仰。重要的问题是你是否在努力对社会有帮助。

百分比在爱情面前失效了。如果上帝给了你对他的爱，不管你是 10%还是 90%都无关紧要。

但是，即使你是一个 90%都想着社会的人，也并不代表你总是给社会带来正面的东西。你需要积极的努力。一样的为着所有的其他人。唯一的区别是只有 10%想着社会的人，他在做决定的时候总是把自己的利益看得最重。结果就是大多数情况下，他做的时候都是对社会没有益处的，即使他自己说是。因此，在绝大多数情况下，他也不会帮助社会。相反，90%都想着社会的人，却总是对社会带来益处。达到这个程度的人，常常也会帮助社会。但是只有在他热爱上帝的时候这种帮助才有保障。

当今社会主要的问题在于绝大多数的人并不愿尝试着帮助社会。早些年，你还年轻，你还尝试着想要帮助社会，但是渐渐的，你越来越少的会去做尝试了。

现在即使是年轻人也不想尝试了。相反，几乎每个人都在去工作和其他一些事情的轨道上漂移。你有帮助别人的潜在意图，但是你根本不愿尝试。

65

□29□□□□

当你逐渐长大，你自己就成了一个附属品。你附属在你的身体上，附属在他周围的环境，他的存在，附属在这个身体所拥有的一切事物上。

如果他们存在风险，你就会经历恐惧。

生活中在恐惧中对你是不利的。你的大脑被打扰，你自身所获得的信息是扭曲的。每个人都生活在恐惧中。这会使得一个人做一些傻事，或者工作辛苦远远超过所需等等。

为了对付恐惧，大多数时候人们装作恐惧并不存在或者危险本身并不存在。他根本不在意，或者像鸵鸟一样把头埋在沙子里。他活在梦境里（比如加利福尼亚）并且习惯于生活在这样的梦境里。

生活在梦境里是一种对时间的浪费，像很多浪费时间的事情一样，还是有害处的。

你的智力水平开始下降（请参考第 20 章以及圣塔克鲁斯教授的一本名为《梦的定量研究》）。你希望有一个满意的自己的这种改变也开始下降。

有两种类型的恐惧：一种是未知的一种是即将到来的可触摸的痛苦事件。

疼痛不是一件好事情，所以你恐惧即将到来的疼痛是很正常的。这种恐惧帮助你尽量避免这种疼痛。婴儿对于很多事情都不了解，所以他们对任何事情都不惧怕。

在他生命中对未知事物的恐惧通过各种糟糕的经历逐渐增加。一些坏事情发生了，然后你想这些事情会不会再次发生 。于是你意识到这个世界是危险的，并不是你想要去的那个地方。你寻找一个安全的环境然后把自己藏起来。你越是这样做，你越是害怕走出去。同样的，越多的糟糕的事情发生在你的身上，你对未知事物的恐惧也会越多。

在一个人的宗教生涯中，他必须逐渐意识到上帝才是万物的主宰。

如果你愿意你可以经历一些不是那么必要的恐惧。一些国家因他们的一些货车司机而闻名，这些司机只要被支付 200 美金或更多给他们，他们就会很乐意去一些危险的地方，比如伊拉克。

在日本的一些真实的电视节目里，人们为了好玩自愿体验恐惧，疼痛或者其他。

瑜伽还没有统治整个世界，还有一些人始终信仰佛学（我并不信佛但是很快就会信佛。）

或者你可以感知，但是如果上帝希望你体验恐惧，则一样会发生。即使你被锁在诺克斯城堡没有任何人知道你在哪里。你很安全但是你一样会感到恐惧。

如果你去观察，你会发现动物，鸟类或者昆虫都会有恐惧感。

这是和思维活动无关的。它们都有一个自我，就像你和我一样。这个自我错误的认为自己是可以被摧毁的。也同样的附属于他们的生命和躯体。它们不想死也不想失去它们的身体。它们在生命的过程中学到了恐惧的存在。然而它们并不是通过精神活动来取得这个过程的。注意它附属在它的身体上它它不想死，上帝给它对即将到来的危险的自知。比如，如果人类靠近，动物就会恐惧然后上帝告诉它采取躲避措施。它于是就就从先前的经历记住了人类的靠近会伴随着即将到来的危险，于是它学习到了。

66

□30□□□□□□

在你的心里，有爱的力量。至少你爱自己也关爱着他人，在你童年的时候，你的爱会随着父母给你的关心，体贴，呵护而增长。这种爱随着时间的推移正在迅速减退。

我认为个人关爱的减少对社会不是一种灾难，我预测电视节目将会变的非常普及。

你可以从下二种方式得到爱的能量，对你另一半的爱和对上帝的爱。

爱的能量，从情感方式上有所区分。比如，父亲和儿子。或者是现代社会中

儿童

我的两名读者非常的天真,并且他们非常现实。这段我将在文章稍后提及。人的一生中，对于商业和贸易的现实性和重要性的重视，要远大于人们对于爱的重视。

正像你们所认为的，孩子们奢侈浪费,天生肮脏等等. 这些表现因儿童而异. 我说这些不是针对年龄超过 4 岁的孩子。他们的行为表现像他们的父母，通过我的观察这些孩子的本性都是好的但缺乏个性。如果父母表现自私，那么这个年龄段稍有观察力的孩子便有能力去模仿他们的父母.如果父母表现得无私,孩子便也会学着照做。

过去,人们会说：在 10 个有希望的孩子们里，只有一个孩子能有作为，在另外 9 个人年老的时候去照顾他们。他们没有能力去找间养老院养老。因为这样，所以父母们和孩子们在一起的时间很长，不送孩子们去学校读书，而是要他们去做有用的事（比如一个典型的英国例子就是爬烟囱．）。各种情感中的一种得到了开发，其余的孩子心怀感激，并没有更好地在中年时期更好地照顾父母（比如：尽自己最大努力）。

现今，父母们相当愿意使用避孕药。如果发生意外（让我们不要去讨论流产的伦理问题），孩子稍大会被尽快送到学校（幼儿园，托儿所），他们的父母加倍努力去尽量避免他们呆在家里开发剩余时间。认识到厌恶和冷淡，孩子形成了自己独特的行为，习惯，然后他们会试着尽快离开家。如果在家里，他们会避开父母，更喜欢看成人杀人游戏。他们从能假装杀死父母的游戏中得到乐趣。今后的活中，他们会变得贪婪，并且拿出钱，让世界看看他们有多关心他们的父母。让你自己承认自己对他们根本就没有感觉是件困难的事。你从电影里（终结者 3，加利福尼亚）学到的爱和你所感受到的爱不是一回事，这使你感到尴尬，为难。

在你心里，你知道自己不会成为称职的父母，所以你的目标就是要赚更多的钱能给自己买快墓地，能让自己能住到养老院。

67
梦

那么，好莱坞对这个事情是怎样做的呢？当然，一个好的解决办法就是回家照顾你的孩子们。

这也是你应该做的：爱你的妻子，照顾你的孩子们。你自己寻找幸福，有时上帝给予爱。你应该去学习。

一些人们对待一些事情很有耐心，但有的人对其他的事情有耐心，这难道不奇怪吗？有的人幸福地躺在床上，等待起床。

另外一些人对等待起床这件事完全没有耐心，比如有人希望别人和他谈论天气或阿富汗战争，或是比赛鞋的颜色是绿色还是红色更好。

但是这些人却对另外的事情有耐心：在他们的人生生命中，不慌不忙地，勤勉地工作。耐心既是美德也是缺点。它能帮助你离上帝更近，或者它能让你远离上帝。

耐心是内在的。你有或者你已经有了耐心。每个人在对待他生命中特别重要的事情时都有耐心。他们花大量的时间在那些他们有耐心去做的事情上。

69

虽然什么也不做对你并不好，但你的内心应该平静。

也就是说，当你不思考时，当你没有做特别的工作，你都应该平静接受。

当你走在大街上，你需要去注意其他人和你周围的环境。这是上帝给与你的感受，因此你应该注意到这感受。

当你写作时，比如，你的思绪必须专一，要遵照自己的意愿写作。 思绪必须平和。

有时，你应该思考。最好的方法是在一个不被打扰的平静的地方思考。但是，在任何情况下，你应该给自己时间，得到你想要的东西成你的总结。

如果你的思绪平和，去做发生在你周围你注意到得工作，那么你就会脱颖而出. 你不再受大脑支配了。你的艺术能力和创造能力，你的好脾气，你的常识，都能显现出来。

当一切都为你准备好，你应该快乐而不是暴躁。当事情没有准备好时，你运用你的智慧去帮助你。

70

你有身体，你也有自我。你的自我去选择让你的身体去做好事或是坏事。 因果报应就是你的自我的表现：好或者坏的选择的结果。

印度的祭师,注意到制造随意杀戮的残暴波斯统治者意图制造似乎可信的 命运之法. 你做过的任何伤害别人的事会让你在将来受罪,你做过的好事会让你在将来得到快乐. 波斯统治者认为砍掉认得双脚或者残忍地在人的眼珠上戳匕首没有什么。这是他们的天性，就像是几百年前罗马人不假思索的把基督徒扔进狮子笼中，或是，几百年前基督徒不假思索的把妇女扔进火堆。事实上，几百年前日耳曼人和高棉人认为大规模屠杀没什么。 当你的生活被打乱，在人工的环境里长大，在城市，在学校而不是和你的父母在一起，所有这些事情就发生了。怎样的争论都不能制止你们伤害对方，除了暴力。你会发现一个接一个的受害者。

命运之法，不论它是对或错，是波斯统治者浪费时间的产物。他们从不去注意。但是，当你站在印度祭师的角度，你会尽你所能去帮助你的同胞，即使在最后一天证明你的努力无效，但也比什么也不做要强。

这些祭师从几个方面提高了命运之法的成功可能性。他们创造了 4 个吠陀经，一个吠陀经关于魔力和这些祭师如何拥有这些魔力的。另外的吠陀经赋予祭师们处理动物祭祀的权利。他们自负地深信，这些动物的血，能够满足这些波斯人的杀戮欲望，这样就能拯救人类。 第三个吠陀经是关于祭师们和波斯人深信的各种神灵之间的美好友谊。第四个吠陀经包括了哲学成份，这样去重点强调波斯人是怎样使祭师们变得聪明。这些吠陀经描述了上帝拥有怎样的权利：神圣的，成为上帝，因为各种显而易见的原因。

在今天的城市中长大，学者们相信古代时期的印度人和他们很相像。能够没有任何目的地创造出荒谬的书籍。当你在自然环境中成长，有母亲的关爱，有父母的关爱等等，这些事情都不是你做的。你变得通情达理，你和自然亲近。你不是个野人。学者们看不起其他人是很正常的事情。他们看不起远古时期的印度人，然后对自己说，除了写作，我比你们更聪明，我会评论，批评之类的工作，因为我知道的比这些印度人多得多。正好相反。自然生活给你比在现代教育所不能及的聪明智慧。 与上帝接触也能得到同样的感受。

以我为例，我使用逻辑而不是先入为主的概念去看待命运的理论是否正确。从广义上讲，我得出稍有不同点 的同样结论。以下是我的想法： 你割掉某人的双手（波斯人）或者某人的拇指（不列颠人），你会得到相同的痛苦。显而易见，印度推出命运之法是经过深思熟虑的。这不是像圣经里说的以眼还眼的命令。这些祭师们做的很好。

让我们先了解，没有必要为了上帝而提出命运之法。所有事情都在上帝的掌握之中。上帝的意识和知识是无限的。他不需要命运之法去决定你的下一段经历是。

"下一个"这个词 也是一个很难解释的概念。上帝不收时间的束缚。他创造了时间。你是不列颠人那么你决定砍掉一些印度人的拇指。或者你是印度人，你赞美在印度的不列颠的行为。你死后，你的身体不存在，那你的思想继续存在。你可能在不列颠占领印度期间重生为一名印度人，或者 200 面后成为高棉被害者这样的情形看起来就是合理的。

上帝是公平的，因此我下列的看法是可以被讨论的。

发起一场残忍的杀戮是非常残酷的事情。 我不相信这个世界的人们相信 以眼还眼是公平的。比如：如果以个人没有任何理由打了你，我的经验告诉我人们更倾向于这件事的重大意义所在而非简单的还击。如果你想验证我的观点，你应该去参观孩子们的游戏场，给孩子帮助。只是因为基督教所称的成人之间的以眼还眼这种方法不能阐述公平的真正感觉。

当你是发狂的波斯人或是在印度的不列颠人，你做过 1000 件残暴的事情，但你不可能失去 1000 双眼睛。 因此公平的法律，命运之法，不能包括人的一生中所有要承受的痛苦。如果甚或是公平的，纳闷你可能需要很多次生命去承受你所引起的痛苦. 从上帝的观点来看,你没有理由知道为什么你要遭受痛苦。如果你正经理痛苦，你唯一要重视的就是痛苦，而不是你何时使他人痛苦。

你正在接近他或者是没有，这就是所有问题。 不管你在明天重生或是公元前 500 年印度的印度人，或者是公元前 15 年的耶稣，或是二战前的犹太人，这都不重要。

当你正遭受极大的痛苦或是压力，你不能服从上帝。你的心被其他占据。你不能帮助他人。你不会认为"我正承受痛苦，所以我要去改变我的生活，去帮助他

81

人。" 这不是使你能够靠近上帝的经验。 唯一能够解释痛苦的存在和在世受苦的理由就是上帝是公平的。

在今天的基辅，我所经历的是有 80%的人在厨房用完水后不关水龙头. 这样看来,世界上的多数人在浪费水,浪费食物,能源等等,是很久的事了。我对世界未来的分析是：用不了几年，这些资源供应就会短缺。 吃肉将变得非常普遍。我的分析意味着未来的几年里，犯罪和暴力将会变得很平常。 在我看来，这些事情的发生并非巧合。今天浪费食物意味着未来人们的饥饿。没有必要像基督徒一样创造仁慈的条令。如果你做错了，你和你的思想，都将会为你做错的事而遭受痛苦。

快乐和幸福地存在也被归结于命运之法。我相信这些祭师们也曾经鼓励这些野蛮人做好的事情。快乐和幸福是自然而然的。

宗教野心家，和其他人一样，也在寻找幸福。但是，首要的是，他想要上帝带他靠近上帝。上帝是公平的。因此，上帝没有理由去否定想要去靠近并且接近他的人。 如果他们想要遵循这条路，瑜伽经和印度圣经里所列出的道德规则和宗教仪式是指导人们很好的指南。

这对任何人都重要吗？是或者不是。有两种人。 一种正在靠近上帝的人和与之相反的人。我的观点是"那些正在靠近上帝的人会冷静得看待逻辑，并且试着避免浪费和暴力。西方和东方的很多人都在自觉或者不自觉地学习印度人和他们的文化如避免吃肉等等。另外一些人并非如此。他们乐于做他们正在做的，并不关心那些出现的问题，他们会做他们想做的。

对于宗教野心家，如果他经历痛苦，那他就经历痛苦。如果他没有经历痛苦，那他不经历痛苦。他唯一关心的是：我怎样为人类更好地服务？

73

□34□□□□

看看一封没有取得成功的典型的友谊信件：

-----Original Message-----
From: xx@yandex.ru [mailto:xx@yandex.ru]
Sent: 25 ëëñòôïïàäà 2005 ð. 18:30
To: shyam@
Subject: Hello

你好，我的新朋友希亚姆！我收到了你的邮件。非常感谢你的来信。收到高兴收到你的邮件，这使我感觉非常好也很高兴。对迟到的回复我感到很抱歉。

她写信给我。我的回复是一天前。她的回复没有晚几个月，而是一天。

我希望能够通过和你的邮件更多的了解你。现在我知道了，你们国家的人都是很有责任感的。非常高兴能收到你邮件，这比你亲自写给我还要开心。在我们国家，男人并不欣赏我们所有的特点。

于是我们开始通信。不过除了暗示男人都是不负责任的，这里没有其他的具体意思。我假设只有英国是个例外。我没有告诉他我是哪个国家的。我只是说我在基辅和伦敦生活。

来介绍一下我自己吧。我叫 XX。27 岁，单身，未婚，没有孩子。我生活在俄罗斯，XX 城市。我在这里出生于 1977 年 12 月 19 日。我和我妹妹在我父母的公寓里生活。我用网络来寻找我的另一半。我很善良 ，诚实，用心，快乐。我是一个浪漫的女人，我会高兴的跟随我爱的男人到永远。我喜欢运动，野营，烹饪，野餐，看拳击和电影，自然，爱笑，音乐，阅读，跳舞，学习一切新的事物。

谁不喜欢野餐？那个女人不会说自己浪漫？所有这些信息都在她以前的邮件里写过。除了她现在变年轻了，变成了 **27** 而不是 **28.**

我在寻找我的另一半。我在找一个爱我，尊重我，理解为，关心我的男人，他会和我分享我的生活，我的快乐，幸福和爱。

她在以前也说过她在寻找另一半。难道这次又是另外的一半？

如果你只是想取乐于我或者只是想得到我的照片，请不要回邮件给我。我不是在玩游戏，我在寻找一种认真的关系。请不要玩弄我和我的感情。

你知道这个地球上我可以得到多少个女人的照片吗？干嘛要你的？无论如何，在一种互相信任的氛围下开始一种关系都是美好的，了解一个人是否想要和你结婚也是一件严肃的事情 。

我想更多的了解你。你的生日是什么时候？我想知道你的生活方式，我想知道你喜欢什么。如果你给我你的照片我会非常高兴。

如果你有照片请发给我。我非常想看到你的样子。

恩，很好。我昨天给她发了我的照片和自我介绍，还提及了我的网站。因此她要见到我的照片或者一个虚拟的人看看是不是在玩弄她的感情？

74

谢谢为我花费的时间。我会在后面的邮件里告诉你更多关于我的情况。

我希望更多的了解你。期待你的回复。

祝福。你远在俄罗斯 XX 的朋友。

今天的人们生活在一个梦幻世界里。在她接下来的邮件里除了告诉我她已经说过的事情还能说什么？在我给她的邮件里除了告诉她如果你想要找到你的另一半，你必须和他见面以及他们必须对婚姻关系进行筛选还能有什么？

当你需要一个朋友或者配偶，你必须非常务实。你需要做一些正事，比如见面。你需要讨论一些实际的东西 。比如你想为他做些什么或者你想从他那里得到什么。

如果你仔细看看你现在的各种关系，你会发现很少有建立在彼此需要的坦诚的讨论上的。因为这些关系里大多数的都不能给你或你的朋友带来最好的结果。

如果你认为只有俄罗斯的女人才是生活在梦境里，那么来看看这封来自一个美国男人的信吧：

你好

寻找爱，我曾经在三次不同的场合去过欧洲，但是并没有找到我渴望的东西。我在堪萨斯的生活是很富有的，我希望找到一个女人她可以告诉我我需要给她什么。

如果你可以给我一个希望和我结婚的年轻漂亮的女士，我就可以不用再去乌克兰了。

请给我一些信息。

XX

这就是他的目标吗？不。亲爱的希亚姆。我付给你一百万美金，你给我找一个年轻漂亮的女士为妻。或者，谢谢你可能提供的帮助。一个很繁忙的小伙子花了整整三周来寻找那个特殊的化学物质。他真的只需要一些化学物质因为他说过他已经有了一个非常富足的生活。不过他还是准备做出一些让步，再次旅行真正的碰到一个女人（如果她漂亮，年轻。）他没有意识到这现代的约会里他不需要化学物质，你应该把它放起来，节省旅费和时间。只是他到底需要什么样的信息？或许一个目录？

在你的生活里，你需要朋友，爱，性以及喜欢。最好是在你睡着的时候做梦，而在你醒着的时候面对现实。否则你不会快乐。你需要一个商业计划关于你需要什么，如何得到，你需要做哪些改变，这样你才能得到你真正需要的，而不是你想要的。

75

□35□□□□□□□

通常人们认为争执发生在两个人当中。其实不然，一个人也可以发起争论。如果不信，你可以做个试验。一天，下决心安静下来，完全的不要对任何争论有所回应。如果你未婚，可以让你已婚的朋友来做这个试验。

我对争执的定义是你认为某件事是好的，合理的，但是你的配偶却认为不是的。包括反驳你，跟你说"你应该这样做"或者"你为什么不这么做"等等。换句话说，任何口头上的反对都会阻碍你的婚姻朝着幸福和宁静的方向前行。所以在你或者别人的婚姻里，如果你愿意可以有一个或者两个意见，但是不要回应。如果女人说"你完完全全是愚蠢的"，保持安静。让她去。你会发现在你或者你朋友的婚姻里是女人发起争执。

显然你可以在自己身上也做试验，你可以假装这个说法不对。取决于你。争执对男女的健康都有很大的损害，而且是无法忍受的。而且不会有什么结果。也会给婚姻带来负面的结果。婚姻关系的长久与否主要决定于争执的多少。在一个典型的婚姻生活里，女人平均一天发起 10 次争执 。如今 一个典型的婚姻生活仅能维持 4 年。在这四年平均每天 10 次的争吵生活里，男女之间不再有爱。男女之间的爱也和争吵数量有着直接的关系。在婚后（或者同居后）的 2 个星期内到达最高峰，然后开始下降。每天争吵的次数按照每年 2.5%的速度增加。

当每天争吵的次数变成 5 次，则婚姻平均可以维持 8 年。婚姻能够维持的唯一的理由是无论是男人还是女人都要忙于工作，他们没有太多的时间在一起。正常的一对婚后的夫妻如今每天在一起的时间只有 4 个小时。在这四个小时里，他们都很忙，并不把精力放在对方身上。比如，他们可能在吃饭，烹饪，洗衣，照顾孩子，逛街等等。

如果算上周末和节假日，他们真正在一起的时间每天只有一个小时。正因为如此，每天才只有十次争执。在如今的婚姻生活中，一个女人平均只隔 6 分钟就想和她的丈夫争吵一次。如果你把和你的配偶每天在一起的时间减少成为 30 分钟而不是 1 个小时，你就每天只有 5 次争吵，你的婚姻生活可以维持多一倍的时间。这难道不是一个理想的婚姻生活吗？问题在于双方都同意不要争吵还是一方想吵，而另一方却不想吵。即使你前面说过不要吵。在这个年纪，意志力开始下降。

和我提出的其他科学一样，人类争执的科学是很容易被验证的。

你很容易就可以测出人们争吵的次数。而且很容易就知道他们在一起的时间。

顺便提一句，你的争吵的习性和你大脑里面的精神疾病是成正比的，与你和上帝之间的距离是成反比的。（你的古纳测试。）

76

□36□□□□□□

你的一生中需要做 7 件事情。拥有这些你才会满足：

性生活

身体

情感

爱情生活

大脑

自己

主宰，上帝

如果你没有足够的钱，则你的性生活和你的身体可能都不会太好，你的健康也一样。因此，上面的七个因素你都必须重视。

我的网站和我的其他的书籍里面都有提到过这七个因素。

你现在需要做的是仔细研究这七个因素，一次研究一个。暂且把它们当作是完全独立的事件。解决第一个，然后解决第二个，接下来第三个依次类推。当你花了一些时间仔细思考它们之后，你是否有发现其中的某一个变得令人满意了。

所以，在七个星期里，仔细研究每个事情一次。在七周结束后，又重新开始。仔细想想你的性生活，看看它是否已经得到满足。如果没有，想办法看看你可以怎么解决。或者，看我的书。这个列表是按照顺序来的。不是随便排列的。你只能在解决了爱情的事情之后才能 解决你精神层面的事情。

于是，从第一个开始，然后逐渐升级。第一件事是最容易解决的。第二件事通常比第一件难一点。越往后，难度越大。你会发现当你到了"爱情生活 "这个小事的时候，你会被卡住。这个事情不可能在 一天之内解决。

所以我建议你跳过它，把精力集中在其他的 6 件事上：除了爱情的其他事情。

于是你会挑出性，身体，和你的情感，忘记爱情，然后对你的大脑进行一些训练。然后看看你是否能得到精神方面的满足。

你在这些方面的满足不会得到除非你严格实施你的道德纪律：

非暴力，诚实，不偷窃，忠诚于你的配偶，不贪婪。

精神满足是一件危险的事情。你自我满足了，你就会骄傲了。为了避免这样，你需要关注印度的"瑜伽宿命：帮助那些需要你帮助的善良的人来获得快乐。

你的第七个需求是使上帝快乐。你只有侍奉好上帝了自己才快乐。换句话说，你的快乐取决于上帝。从这个意义上说，商业计划就是浪费时间。不过你还是需要尽量的做好，那样上帝才有可能帮你。他帮助那些实践瑜伽宿命的人和那些不伤害别人的人。

77

□37□□□□

人死了之后会是什么样的感觉呢，像是在妈妈的子宫里，或者是像是婴儿时代？

从 5 岁起，你就知道是什么感觉了。

第一件事你需要注意的是死后或者是在子宫里，你的大脑是无法运转的。因为它根本不存在。大脑会在你出生后不久开始运转。通常会在你出生后 2 个月后。

根据你的喜好，上帝会远离你或者靠近你。但是和通常信仰相违背的是，你只能用你的大脑和感觉器官和别人进行交流。

如果你是一个对上帝没有兴趣的人，而且在一条远离他的道路上，你就不会跟你交流。这不是因为他把你分离出来了，而是因为他觉得没有必要。

你从不听他的，所以没有必要跟这样的人讲话。所以在这个过程中，你没有来自外部的声音。没有大脑，所以也没有视觉，也没有其他的信息输入。你就是你自己。

所以在这样的阶段，你就是空的。你可以感知。你知道你的存在。仅此而已。

你有感觉，你知道那是什么样。你可能会忧伤，可能会快乐，可能会厌烦。你不会死。当你现在的生命结束了，你的身体死亡了，但是上面的这些状况今后会永远存在。

世间万物都是由上帝在主宰。

让我们来想象一个完全不同的人。一个在通往光明的路上的人。光明其实是不恰当的。因为人死后是通过声音来感知的。你死后没有了大脑，你看不见，你也闻不到。但是你可以听，这个听不是指通过耳朵来听，你无法听见你周围的世界发生了什么，你能听见的唯一的声音来自上帝。作为一个可感知的事物，你有很多经历，也发展了很多的喜好。这些上帝都知道。如果你一个习惯于在任何时候都倾听上帝的人，上帝会和你交流的，就像他正在做的，他一直都这样做。从这个意义 上来讲，人死前和死后是没有什么区别的。因为你一直都和上帝同在。他给你爱，你也生活在上帝所给你的永恒的精彩的爱之中。在这种状况下，你没有说话的欲望，没有吃饭的欲望，没有记忆的欲望等等。换句话说，你已经出神入化了。

为了长期的计划，你必须决定上面所说的两种存在中哪种存在是你所希望的。没有第三种。

第一种人，就是那种对上帝没有任何兴趣的人，他们死后不会有任何知觉。就像活着你的大脑没有运转的时候的感觉，比如你睡觉的时候，你可能会做梦，死了也一样。死后你不需要无梦的睡眠。无梦的睡眠的目的是使你的精神和身体 在睡眠中得到恢复。然而人死后，大脑和身体都不存在了，所以也不需要无梦的睡眠了。死后上帝会在你睡觉的时候给你梦。胎儿或者是婴儿都会有很多的梦。一个正在通往光明的道路的人是无梦的，即使是在他的婴儿时代。

78

□38□□□□□□

现代人都是乐观主义的。他相信时间是改变的。坏事情不是发生在他身上。

上帝给你一个大脑是让你看清真实的世界的，而不是这个世界的假象。

时间在改变。他们开始变得糟糕。你需要建立一个好朋友的网络，他们可以帮助你，在他们需要你的帮助的时候，你也可以帮助他。你需要建立一个你的精神系统。你还需要健康。

□□□□□□□□□□□□□
□□
□□□□□□□□□□□□□

乌克兰记得的苏联时代的被迫饥荒

作者 联合通讯社作家 安娜 梅琳卡 11 月 26 日 星期六 下午 7:43

乌克兰，基辅—当奥琳娜·图兹看到她的邻居在一个森林的边缘把一个裸体的女人扔到一个坑里，那是 1932 年，她六岁。那个尸体身上的肉被挖走了。

"人吃人，母亲吃她们自己的孩子。他们不知道他们在干什么，他们只是非常饥饿，"图兹说，站在 1000 人聚集的首都基辅纪念那些在苏联时代的被迫饥荒中被杀害的 1 千万乌克兰人。

星期六，亲人们和幸存者们在基辅点燃了 33，000 只蜡烛，代表在饥荒的顶峰时期每天死去的人数。

苏联独裁者约瑟夫·斯大林发起了这场乌克兰人称之为大饥荒的运动，1932-1933 年斯大林的这场运动让农民被迫放弃他们的土地，加入集体化农场。在饥荒的顶峰时期，所有的食物被苏联秘密警察强行充公，到处都是人吃人的现象。

他们坚称充公的粮食都被送到了西伯利亚；如果一个人谈论到粮食而被听到的话，马上当场击毙。

"国家体系使得这些罪恶被历史法庭惩罚成为可能"

乌克兰总统尤先科告诉公众。

汉娜·科切仑科，来自中北部切尔尼戈夫地区的一个村庄，她说她的祖父就死于那场饥荒。

"很多年后，我还是习惯在我的口袋里藏一些面包，我也从不扔掉哪怕一点面包屑。"

她说。

在瑜伽哲学里，生存的欲望和对于死亡的恐惧是人类最难克服的。你们国家的人和乌克兰人没有什么不同。

一个病态的教育系统对你的孩子是没有保证的，无论你送他到哪个国家去学习。从这一点上来说，俄罗斯和你的国家没有什么区别。

在我的《瑜伽》这本书里，我解释了为什么有的咕噜和领导者所表现出来的本质和斯大林相似。在俄罗斯，这些人生来就是不平等的。比如印度就是以这些人而闻名。只是他们在不同的环境下的所称呼的名字不同罢了。这个国家的状况可能和那个国家的有所不同。你不知道接下来你的国家会是哪种状况。

79

世界上的人们都在跟随潮流。每个乌克兰女人都想穿上高跟鞋。每个美国女人都想有辆二手汽车。每个俄罗斯秘密警察都想讨好上司。在这个物质社会，人们只在乎如何讨好别人，其他的事情一概不在乎。

如果你认为时代在变，你就是在愚弄自己。时代只是越来越糟糕。印度哲学也是这样告诉你的。在古代，你一次只能杀一个人。而如今你只需按下一个按钮就可能毁灭 1 亿个人。你能做的只是不要让这个人按下按钮。现在的孩子都喜欢电脑里的战争游戏，你可以问问你的孩子。看看现在流行的成人电影列表，他们也一样（我猜。）比如《终结者》。看看是谁在控制着整个加州。当然，我并不是说他不好，完全不是。人们崇拜英雄，崇尚暴力。

在现代的教育体系下，人们永远长不大。

你需要集中精力朝着你自己的真实的成人时代发展 ，关注你自己的生意，发展你自己的好朋友。

每个人只有一个真正的敌人。那就是他自己。

我可以勇敢的告诉你哪些你该做，但是我不够勇敢的告诉你哪些不该做。那就什么也不要做，静静的坐下来每天待几分钟。你不需要冥想。你不需要做白日梦。你不需要在床上醒着躺着想到底应该是起来还是睡觉。所有这些都会摧毁你的性欲，你的刚毅，你的少女时代。试试看吧。

想一想性，并让一切做好准备，然后什么也不做，这样过几分钟。

你的性欲或其他事物的热情和动力就会干涸。你的大脑也会变得迟钝。

你的智力开始下降。所做的事情没有一件对你有长久的有力的反作用力。你陷入了永久性的衰退。不幸的是，你应该知道不是说你什么都不做才会有这样的结果。听现代的音乐对你也会有这样的效果。你可以试试看。

在一个清晨醒来，然后看看你的感觉如何。我们假设这是一个好天气。听 30 分钟你最喜欢的音乐（不是印度古典乐）。然后关掉音乐，看看你感觉如何。

听你的妻子和你争吵也会有同样的效果。试试看。

在一个不错的天气醒来。看看你感觉如何。然后过几个小时，等她也醒来，过十秒，看看会发生什么。你所要当心的不仅仅是恐惧和憎恶。

这对你的思维能力又会有什么影响呢？在你们争吵之后尽量去思考。不过你做不到。

每一次争吵都会损伤你的脑细胞并且让你陷入永久的衰退。

看一看那些生活充满生机和快乐的男人：他们有的结婚了，有的没有。

在大多数情况下，男人和女人都是一样的。争吵对男人和女人来说都是不好的。

如果你陷入一种每天都至少有一次这样的争吵的关系，你要买结束这样的争吵，要么结束这样的关系。无论如何你都不应该陷入这种彼此不尊重的关系里。或者所有的事情都被不必要的受到反驳或者非议。后者是伪装过后的争吵。

所以，为了你长期的健康着想，不要发起争吵是非常重要的。因为那样比被动接受争吵伤害更大。

在争吵的时候任意食用一些店里买来的东西也有同样的作用。苹果不是真正自然的东西，它和其他西方的水果一样被杀虫剂所污染。在英国，知识分子现在已经不再购买普通的食物了。他们现在只买有机食物。他们不再饮用自来水，而是饮用瓶装水。因为这些是有机的。

80

但是并不代表这样就更好。环境对人的影响实在是太深远了。整个地球，所有的海洋，空气，土壤本身都被污染了。只有牛奶和牛奶生产（奶油和酸奶，奶酪不算）会比较好一些，因为牛奶是奶牛所生产的。但是食物需要花时间来消化。你今天消化的是你昨天所食用的。

所以你注意不到区别。在你注意到这个区别之前，你需要采取我的牛奶饮食法，你需要记住你 5 个月前的样子。因为从你吃过这个食物到它基本改变你的思维方式需要这么长的时间。你的精神力量领域是你的第五个能量领域，现代食物会最先对你的第一个能量领域－性能量领域产生负面的冲击。然后是身体，然后是情感然后是大脑。

如果你在寻找爱情和幸福，你每天就应该具体的为爱情和幸福做些什么。

不要从小说里找，也不要从电影里找。真实的找一个人，你自己和你的朋友，不管是男人或者女人。

81

物理能量水平包括你对自己身体的认识。能量是信心到一定的程度使你对自己的身体缺乏了解的范围。

如果你不完全满意自己的身体，您正遇到的物理能源领域的困难。如果你认为你的身体对你来说不是很完美，您就会不满意自己的身体机能。构成物质世界和精神世界有五个要素：

土（可以嗅到的精华）

水（可以尝到的精华）

火（可以看到的精华）

气（可以被感觉到的精华）

醚(可以被听到的精华)

对应这五个要素的机构有 5 个输入或食品。食品，液体，热，光，空气和声音。

您的身体健康是控制在生殖器官旁边的人体精神能量的中心（能源中心）生成。

如果你想通过运动获得健康，你需要熟练控制和保持你的这些身体部分活跃。

此外，在这人体精神力量的中心，您的精神能量。宗教活动的本质是净化身心，并在此后能量唤醒它激发和振兴其他精神力量中心，最后才与上帝最初在脉轮位于头顶的能源汇合。

正如自有这三个特点中的一个，（居纳斯），菩萨，拉亚斯或塔马斯，身体和精神也有三大特点之一。在印度草医科学，这三个特点被称为瓦塔，皮塔和卡法（杜莎斯）。

在任何一个时间点，你有一定比例的瓦塔，一个比例的皮塔和一定比例的卡法影响你。这些百分比加起来总共百分之百。没有其他重要的影响你的身心。

印度医学，虽然美妙，但是没有提供完整的人学科学。

此外，一个医生说，这和另一个说。该药物的主要重点是草药。当然，拟完成，因此它也讨论了一天的时间影响，季节，饮食，运动和你的身体和心理状态等许多其他因素。多年来，印度医学输送到中国，但不幸的是在基本哲学是歪曲，绝对非暴力主义的概念过程中损失的。随着时间的推移，印度医学科学也已被破坏和摧毁。

没有其他的完整的理论是关于身体性能的。印度医学从来没有完整的几个原因有很多原因。首先，它是由印度人为波斯湾的统治者发明的。在任何暴力和暴行的情况，头脑自然不清楚。因此，虽然印度的医药非常强大，无害还是没有资格称作为一门科学。具体来说，它忽略了自我的重要问题：菩萨，拉亚斯和塔马斯。由于缺乏与身体和精神的这一理论基础，它只是和身心有关。

正如我在前面讨论章，你是你吃的什么。经过 9 个月吃喜悦食品，你自己有喜悦的性质。同样的情形，吃刺激性的食物或惰性食物。

82

我会谈谈什么是喜悦食品，刺激性食物，惰性食物，也会说说什么是瓦塔，皮塔和卡法在短期内的问题。首先，理解它的原则是是有用，然后才详细研究。你的自我存在，并且是在您的头骨背面。你的自我被 7 种能源所覆盖。

这些能量是我所说的你的性，身体，情感，爱，心理，精神和神圣的能源领域。这是你自我感受的七个能量。我在我的其他书籍里讨论这些能量，它们是什么以及如何消除干扰。因此，我不想在这本书里讨论所有的细节。

你的身体能源领域会根据你自己的看法如何对你的身体状态有积极或消极的能量。基本类似的原因其他能源领域也有积极或消极的能源。

这七个能量中的 5 个：性，物理，情感，爱和精神能量是影响你吃什么。例如，您可能有意外，有干扰物质能源领域。有些时候，事故是影响你的身体能源领域的状态的主要因素

但是，随着时间的推移影响事故的衰变。衰变率取决于你的角色：一个有喜悦性格的人将有一个快速衰减率，有刺激性性格的人将有一个缓慢衰减率和与惰性性格的人将有一个缓慢的衰减率。

顺便提一句，另一种可以测量一个人的特征的方式。随着时间的推移，事故产生的影响越少，能源领域的物理还原到一个特点就是由人吃的什么而定。举例来

说，如果没有意外，那么 5 个月后，你的身体能源领域的特点将是大约 5 个月前的饮食

您将有无论是瓦塔，皮塔或卡法能源领域的主要物质。事实上，这将是，例如卡法百分之四十，百分之三十和百分之三十瓦塔皮塔，或另一套的百分比。我们将回到这些术语的含义，以及如何很快的影响这些百分比。

印度医学认为如果你在这三特征中有一些干扰那么你便会发生某些类型的疾病。我不相信这是真的。

印度的传统智慧和印度草医学在这点上并不一致。我两者都不认同。
发生在你身上的任何事情都是有因有果。事故发生，疾病就这两个原因任意之一发生。在理性上，如果在你过去的生活中，你有损害过一个或多个，那么你遭受报应。在目的方面，事件发生以帮助您重新评估您的生活，如果你愿意的话将帮助你投向上帝。
你有疾病的的原因是不能完全的基于任何在你的身体或精神障碍。我期待这本书的后面谈到更多的疾病问题。你发生事故的原因，如我上文所述。您的身体健康有一个水平。

在我的工作中，我衡量"健康指数"取决于一个人感觉到冷的速度有多快。如果你不好好照顾自己，那么你的健康状况恶化和健康指数下降。在这种情况下，你似乎很容易造成疾病。但是，这并不是真正的情况变化。正如我前面所说，这是违反伦理原则从而导致疾病。
在我的书"完美你的身体能量领域"我仔细探究了这些问题。

首先，有一个简单的确定这些比例的简单方法。下表显示了你如何做到这一点，在我的书我阐述了如何在实践中可以测量，例如，您的代谢率。

83
您的不平衡的特征，瓦塔缺乏灵活性，卡法过剩 使得在生活中思想缓慢。皮塔缺陷低代谢皮塔过剩的高代谢瓦塔过剩的高灵活性，瓦塔和皮塔可以改变，但卡法是固定的，直到你死亡的那天。如果你愿意的话，你的生活的目的，是对上帝的皈依。不同的生活环境需要不同的精神和肉体结构。因此，一个特点是没有本质上的坏或好。
如果你与你的自我接触，你会知道为你当前的生活环境，在每一个时间点，需要什么食物。这是因为你在五万年以来人类生活在地球上开始，你有优先的 1000 年生命。在几乎所有这些生命你有一种自然的生活方式。

因此，你是自然生活的专家。你知道什么是对你有好处。只因为你必须去学校，去了大学，并从爱的道路离开，你的生活失去了与自然接触。只要你做一个生活

的决定 恢复对朝着上帝的运动轨迹，你那么有可能超越你的直觉，并知道什么是对你有好处。不过，你有一个主意，平均这三个杜莎斯好过不平衡。

因此，平均而言，如果您没有访问您的直觉，你仍然可以采取步骤，建立在您身体的和谐。

这里是我建议一些人吃的不同食物，和喝的不同饮料，以及他们瓦塔和皮塔不平衡的这些食物的联系；

皮塔 27% 40%
瓦塔 40% 27%

红豆 120 147
杏仁 147 120
苹果酱 100 100
熟苹果 100 100
酸苹果 100 100
甜苹果 87 113
杏 113 87
酸杏 113 87
朝鲜蓟 120 147
洋蓟，耶路撒冷 120 147
芦笋 200 200
茄子/茄子 67 67
鳄梨 100 100
香蕉 113 87
大麦面粉 87 113
大麦麦芽 100 100
紫苏 113 87
巴斯马蒂大米 100 100
豆芽 133 133
豆类，白 120 147
蜂花粉 87 113
牛肉 113 87
啤酒 200 200

84
绿色甜菜 67 67
菜根/甜菜 200 200
甜菜 147 120
酸浆果 113 87

93

甜浆果 100 100
苦瓜（扁豆作为替代）120 147
苦瓜 120 147
黑眼豆 120 147
黑咖啡（鲜豆）120 147
黑芝麻 200 200
红茶 133 133
牛奶冻 87 113
蚕豆 200 200
西兰花 120 147
布朗（多姆/ massoor）扁豆 120 147
甘蓝 120 147
水牛 100 100
牛蒡根 67 67
奶油豆 200 200
酱腌 80 53
无盐黄油 120 147
奶油 80 53
白菜 120 147
甘蓝，绿 200 200
蛋糕 87 113
甘菊 147 120
豆蔻 100 100
胡萝卜 147 120
胡萝卜，白 200 200
花椰菜 120 147
芹菜 120 147
□□□100 100
软干酪 80 53
软奶酪，不是发酵的，无盐 133 133
酸樱桃 113 87
甜樱桃 100 100
栗子 80 53
鹰嘴豆 120 147
黑鸡 113 87
白鸡 87 113
绿色辣椒 147 120
中国茶叶 67 67

中国杏仁 200 200
中国花椰菜 200 200
中国真菌 100 100
中国绿色 133 133
中国梨 113 87
巧克力 100 100
菜心 67 67
花茶 80 53
香菜 200 200
可可 200 200
椰子 133 133
椰奶 200 200
鳕鱼 100 100
鲜玉米 67 67

85
玉米粉 100 100
玉米油 100 100
玉米芯 67 月 67
玉米片 87 113
香菜 100 100
干酪 133 133
奶渣，从脱脂羊奶 200 200
小胡瓜 200 200
牛奶 133 133
牛奶，半脱脂 200 200
小红莓 100 100
奶油奶酪 133 133
奶油酸 80 53
黄瓜 133 133
葡萄干 100 100
咖喱叶 113 87
蒲公英嫩叶 120 147
枣子 100 100
枣子，新鲜 100 100
炸 100 100
香菇 120 147
鸭 113 87
美国香菜 113 87

蛋清 80 53
蛋黄 147 120
确保 147 120
茴香/茴香 200 200
无花果 87 113
新鲜面包 113 87
鲜菇 120 147
新鲜蔬菜汁 200 200
果糖 100 100
果汁 120 147
浓缩果汁 100 100
大蒜 147 120
酥油 200 200
生姜 100 100
谷氨酸 67 67
山羊奶酪无盐，未发酵 147 120
山羊奶酪，软，无盐 133 133
羊奶 133 133
羊奶粉末 53 80
山羊奶，脱脂 200 200
Gomasso 113 87
醋栗 100 100
葡萄柚 113 87
绿/白葡萄 113 87
红/紫葡萄 100 100
青豆 200 200
绿色叶菜类蔬菜 120 147
绿茶 133 133
番石榴 113 87
比目鱼 87 113
酥糖 113 87
榛子 133 133
鲱鱼 113 87

86
鹿尾菜 100 100
蜂蜜原料，不处理 113 87
蜂蜜原料，其他 113 87
好立克 133 133

辣根 147 120
腐殖质 100 100
冰淇淋 100 100
印度糖果 113 87
印度茶叶 133 133
粗糖 113 87
芥兰 120 147
海带 113 87
猕猴桃 113 87
大头菜 67 67
海带 100 100
乳糖 200 200
羔羊 100 100
韭菜 147 120
柠檬 113 87
柠檬草 113 87
生菜 120 147
生菜汁 53 80
利马豆 120 147
甜橙 100 100
腌制甜橙 113 87
龙虾 100 100
莲藕 120 147
莲子 133 133
荔枝 100 100
澳洲坚果 200 200
甜芒果酱 100 100
芒果干 113 87
绿色芒果 113 87
成熟芒果 100 100
枫糖浆 100 100
马麦脱酸 100 100
骨髓 133 133
蛋黄酱 113 87
甜瓜 100 100
小米 87 113
薄荷 87 113
薄荷茶 200 200
酱 147 120

混合果不包括胡桃 80 53
糖蜜 113 87
木豆，黄色 133 133
绿豆/和皮一起捣碎 133 133
绿豆整体 120 147
贻贝 100 100
芥末 100 100
芥菜 147 120
芥末不醋 113 87
海军豆 120 147
荨麻茶 200 200
肉豆蔻 113 87
燕麦片 87 113

87
燕麦 100 100
橄榄油 100 100
黑橄榄 133 133
通菜 67 67
洋葱 67 67
酸橙子 113 87
甜橙子 100 100
牡蛎 100 100
百菜 120 147
棕榈油 100 100
木瓜 113 87
欧芹 120 147
□□□□133 133
西番莲 100 100
面食 100 100
桃 113 87
花生 200 200
梨 87 113
豌豆 120 147
干豌豆 120 147
山核桃 80 53
辣椒，黑 100 100
辣椒，热 67 67
辣椒，甜 120 147

柿子 100 100
泡菜 113 87
松子 133 133
菠萝酸奶 113 87
菠萝甜 100 100
斑豆 120 147
开心果 147 120
皮塔面包 87 113
鲽鱼 113 87
梅子酸 113 87
梅子甜 100 100
石榴 87 113
猪肉 100 100
马铃薯，甜 147 120
马铃薯白 120 147
仙人掌果，水果 67 67
仙人掌果，叶子 120 147
梅干 87 113
泡过的梅干 100 100
南瓜 133 133
南瓜籽 133 133
普里 113 87
兔 87 113
萝卜 67 67
日本萝卜 147 120
葡萄干 87 113
浸泡的葡萄干 100 100
扁豆粉 200 200
红葡萄酒 67 67
大黄 113 87
米饭 87 113
年糕 100 100

88
米糖浆 100 100
红花菜豆 120 147
大头菜 200 200
黑麦 87 113
Ryvita 87 113

红花油 113 87
西米 100 100
鲑鱼 113 87
盐 100 100
沙丁鱼 113 87
韭菜 113 87
海藻 113 87
粗粒小麦粉 87 113
芝麻油 100 100
虾 100 100
Silfa 花 113 87
□□ 87 113
大豆 53 80
大豆奶酪 133 133
大豆粉 53 80
豆奶 200 200
大豆粉 53 80
酱油 80 53
大豆香肠 147 120
大豆 53 80
豆浆（热）200 200
酱油 100 100
意大利面条 53 80
菠菜 67 67
豌豆 120 147
海绵 100 100
葱 200 200
不辣豆芽 120 147
辣豆芽 67 67
果汁汽水夏季 200 200
果汁汽水冬季 133 133
草莓 113 87
红糖 100 100
麂皮绒 53 80
酥糖 87 113
白糖 87 113
无籽葡萄 100 100
向日葵油 100 100
向日葵籽 200 200

甜饼干 100 100
芝麻酱 100 100
日本酱油 3 87
罗望子 113 87
柑橘 87 113
木薯 100 100
芋头根 133 133
丹贝 120 147
豆腐 120 147
冻豆腐 53 80
番茄 147 120
番茄酱 113 87

89
葵花籽油 67 67
鳟鱼 100 100
姜黄 100 100
金枪鱼 113 87
Turbinado 100 100
土耳其红糖 113 87
土耳其白糖 87 113
芜菁 67 67
萝卜 67 67
牛肉 100 100
鹿肉 87 113
醋 113 87
核桃 133 133
水棒冰 87 113
西瓜 87 113
西洋菜 200 200
西瓜种子 200 200
麦麸子 87 113
小麦面粉 87 113
小麦草芽 120 147
白咖啡 120 147
白芝麻 200 200
白葡萄酒 133 133
山药 147 120
酵母 120 147

酸奶稀释 200 200
酸奶稀释及五香 80 53
酸奶，新鲜及稀释 53 80

在这个列表里，我假设你的卡法的比例为 33％。第二栏是专为你们这些低皮塔、高瓦塔。第三列是为那些在任何时候都高皮塔和低卡法的。

数据最大的食品是最好的，最小的那些最差的。如果您不是在一个饮食（牛奶和酸奶）你需要一个均衡饮食：下列是每一天至少有的，

饮料-非酒精性

谷物

乳制品

干果

水果

坚果

油

豆类，豆类，豆类，小扁豆

种子

香料，香草，调味品

糖果

蔬菜-绿叶

蔬菜-非绿叶

蔬菜-沙拉，生

90

即使不是素食主义的，也需要上述所有的食物。这个范围是你作为一个人不是你作为一个机构所需要的。我的饮食科学并不仅仅集中在你的身体结构，也是为你和你的性健康和情绪健康所需要的。

我说你每天都需要上面的食物。问题是，随着现代的污染，土地本身，人们也受到冲击。您不能吸收你需要的矿物质和维生素，即使这些存在于食品供应。因此，即使上述"平衡"的饮食，你可能还需要人工矿物质或维生素补充剂。随着西方文化的增加的影响，获得良好的食物的困难增加了。没有医生或营养师直到你需要什么矿物质或维生素。一个人会告诉你需要这个，另一个会告诉你另外一种意见。最终变成，你为了你所有可能缺少的东西，每天使用大量的药丸。

即使如此，问题是它不是真正短缺，它是吸收的问题。随着现代化的污染，你会从根本上不适。你不能吸收你所真正需要的吸收。

只有坚定的，将您的饮食转向喜悦类食品：牛奶和酸奶，用糖来增补以此减少环境对人体的严重影响。

不幸的是，由于母亲自己吃或喝污染的食物，婴儿也喝污染的奶。因此，从开始在母亲的子宫，很小的时候您的健康恶化。

这种恶化加速很快，如果你母亲让你断奶。等到孩子 7 岁左右到达，吃西餐越来越多，一些孩子将永远无法切换到喜悦类食物的饮食习惯。这些人特别需要使用上述表。

表中的数字给你一个相对范围。如果你有更多的卡法或高于平均水平比平均卡法少他们仍然有效。如果你有一个从瓦塔和皮塔比例差异，他们也是相对意义上有效的，。换句话说，如果在同一个水果或蔬菜类食物，有 100 号码和另一个号码有 200 在相同的，例如，您应该选择 200。但是，这并不意味着与食物的 200 人的两倍，对你有好处作为 100 号码的双倍好处。

上面表里的数字给你提供了一个相对的比例。不管你比平均水平低还是高，他们都依然有效。即使你的瓦塔和皮塔比例不同，他们也一样有效。换句话说，如果一个食物的数值是 100，一个是 200，在同样的水果和蔬菜列表里，你应该选择 200 的食物。但是这并不是就是代表 200 的食物比 100 的食物会给你带来一倍的好处。

指定的皮塔，瓦塔和卡法只在某些特定的比例下是正确的。此外，好的意思就是指原则上是好的。

现实生活中，你需要知道你应该吃多少，喝多少。比如，如果你喝太多的水就会影响你的情绪。在被扰乱的情绪下，你会做出错误的决定。

这些错误的决定会使你的健康迟早收到影响。好和坏是指一个人不在第五道德原则上。不役于物

通常，在收到现代文明冲击之前，悦性食物被认为是新鲜的，轻松的，和任何暴力无关的。激性食物是有强烈的味道的，比如咸的或甜的（比如薯片和巧克力）惰性食物是不新鲜的或者发酵的（比如奶酪）。在我看来，这种分类不再有用。

所有现代的食物都被现代科技所冲击。即便是最偏远的完全孤立的国度也会被污染。商店里能买到的任何食物都是惰性食物。都是年份久远的。它可能看起来很

103

新鲜，那只是外表而不是事实。"自然"食物现在也不再有激性的特性。苹果不再甜。食品制造商如果还没做的话，他们迟早也会把苹果变甜的。但是就像西方文明进程一样，你的味蕾也会发生变化。你更喜欢激性食物或惰性食物，而不是悦性食物。你也不可能买到悦性食物。渐渐的，人们将再也不能消化激性食物。
这正在发生。你父亲可能正享受一个丰富的布丁作为午餐。
你大概很不能够配合他。一个国家有些落后，但是消化系统却比较发达。因此，一个乌克兰人能够消化这个布丁，而美国人则不能。再过几年，乌克兰人也会忍受和现在的每个人一样的糟糕的消化系统 。但是到那个时候，美国人的消化系统会变得更加糟糕。
现在的乌克兰人都喜欢牛奶和酸奶。在美国并非如此。

目录

www.ingramcontent.com/pod-product-compliance
Lightning Source LLC
Chambersburg PA
CBHW022100170526
45157CB00004B/1415